LES

LIEUX SAINTS

In-8º 1re série.

Le [Saint Sépulcre (XIVᵉ STATION)

LES

LIEUX SAINTS

PAR MGR. MAUPOINT

ÉVÊQUE DE SAINT-DENIS

———❧———

LIBRAIRIE DE J. LEFORT

IMPRIMEUR ÉDITEUR

LILLE   **PARIS**

rue Charles de Muyssart   rue des Saints-Pères, 30

PRÈS L'ÉGLISE NOTRE-DAME   J. MOLLIE, LIBRAIRE-GÉRANT.

Propriété et droit de traduction réservés.

1868

AVIS DE L'ÉDITEUR

Les lieux sanctifiés par la naissance, la vie et la mort du Sauveur des hommes ont une éloquence divine qui porte la conviction dans les esprits et l'émotion dans les cœurs. Plus les siècles s'éloignent du temps prédit par les prophètes, où le Désiré des nations, l'attente du monde entier, le Fils de Dieu, a paru sur la terre, plus les monuments sacrés, témoins incorruptibles de sa naissance, de sa mission, de ses souffrances, de sa mort, de sa résurrection, parlent un langage précis, concluant, irrésistible.

A toutes les époques, depuis l'établissement du christianisme, ce petit pays, qui
s'est appelé naguère la terre de Chanaan, la
terre d'Israël, est devenu *la terre sainte* par
excellence et en a invariablement, à travers
les siècles, conservé le nom. Les regards des
fidèles se sont toujours portés, des quatre
vents du ciel, vers cette contrée, que Jésus,
Fils de Dieu et Dieu lui-même, a consacrée
par sa présence. L'idolâtrie, l'islamisme ont
en vain cherché à détruire, à anéantir les
vestiges sacrés de son passage ici-bas ; le doigt
de l'Eternel est resté toujours visible dans
ces lieux à jamais mémorables ; et les efforts
de l'enfer et de l'impiété n'ont servi qu'à une
manifestation plus éclatante de l'ineffable mys—
tère de l'Incarnation du Verbe.

D'un côté la nation juive s'en est allée
portant chez tous les peuples la marque indé-
lébile qu'a imprimée sur son front la justice

éternelle, et elle présente au genre humain le phénomène, unique dans ses annales, d'une race qui se mêle à toutes les races, sans jamais se confondre avec aucune d'elles. D'un autre côté, la terre de Judée est restée, malgré les réprobations, les haines, les bouleversements, les dominations, empreinte du sceau divin dont l'a scellée le bras du Tout-Puissant. Il y a là, après dix-huit siècles, des preuves authentiques, des témoins irrécusables qui ont vaincu les conséquences ordinaires du temps et des lois de la nature aussi bien que les tentatives de toutes les passions soulevées contre eux. Comme naguère à l'apôtre refusant d'acquiescer au fait décisif de la résurrection, elles tiennent à tous ce langage : *Voyez et posez votre doigt;* Dieu produisant ainsi, par amour pour les hommes, une surabondance de preuves et de motifs de crédibilité, devant lesquels doivent se dissiper toutes les hésitations et tous les doutes.

Aussi une multitude de chrétiens sont venus chaque année, tantôt avec le bourdon du pèlerin, tantôt sous l'étendard du croisé, y déposer leurs hommages et leurs adorations, depuis la grotte de Bethléem jusqu'au sommet du Calvaire. Rois et puissants du monde, vaillants capitaines et humbles laboureurs, milice de la chevalerie et milice des cloîtres, hommes simples et hommes de science, impératrices et femmes pieuses, princesses et vierges consacrées au Seigneur, tous se sont prosternés successivement et d'âge en âge, sur cette terre abreuvée du sang d'un Dieu.

Les troubles et les révolutions qui ont agité les peuples chrétiens ont pu ralentir l'ardeur qui entraînait d'immenses populations vers les Lieux saints, mais ils n'ont jamais pu éteindre le feu sacré de la dévotion à la vie et à la mort de Jésus-Christ. Notre époque même, si contrastante à certains égards avec les siècles de foi, ramène tous les ans vers la Palestine de pieux groupes de pèlerins, qui rapportent en Occident les profondes impressions que leurs âmes ont reçues sur ce sol béni, et qui se font une gloire et un bonheur de les faire partager à leurs frères moins heureux.

Il nous a été donné d'être autorisé à reproduire les pages adressées par un zélé pontife à son peuple, lors de son retour des Lieux saints (1865); ce sont ses ouailles bien-aimées, ses chers créoles, que le pieux et savant évêque de Saint-Denis (île Bourbon), rend dépositaires de ses recherches, de ses études, de ses élans d'amour envers la divine Victime qui s'est offerte pour le salut du monde. C'est particulièrement aux souvenirs de la passion du Sauveur que s'est attaché l'éminent prélat; ce sont les monuments qui se conservent avec tant de vénération comme mémorial des souffrances et de la mort du divin Maître, que sa plume se plaît à décrire. Oh! qu'il est bon, qu'il est profitable pour l'âme fidèle de suivre un tel guide depuis chaque station du *Via Crucis* jusqu'à la chapelle sacrée du tombeau!

Nous avons lu avec respect et émotion les tendres effusions de ce cœur de pasteur et de père, et nul ne pourra parcourir ces pages sans sentir sa foi plus vive et son amour plus ardent pour Jésus et pour Jésus crucifié.

LES

LIEUX SAINTS

———

CHAPITRE PREMIER

Du jardin des Oliviers au Calvaire.

Bien des fois nous avons lu et relu dans le saint Evangile l'ineffable récit de la passion du Sauveur ; mais, sur les lieux témoins de ses souffrances et de sa mort, il nous a été donné de la lire dans un livre et dans une langue qui nous étaient inconnus.

Ce livre, c'est Jérusalem ; cette langue, ce sont les

monuments mêmes qui ont été témoins de ce drame sanglant. Jamais lecture ne nous avait encore si profondément remué.

Tous les évangélistes commencent la passion de Jésus-Christ par la description de la sainte cène : « Le premier jour des azymes, les disciples s'approchent de Jésus et lui disent : Où voulez-vous que nous vous préparions ce qu'il faut pour manger la pâque? Jésus répond : Allez dans la ville, chez un tel, et dites-lui de la part du Maître : Mon temps est proche, je veux faire chez toi la pâque avec mes disciples[1]. Et il vous montrera une grande chambre toute meublée; faites-y tous les préparatifs nécessaires. Les disciples s'en allèrent donc; ils vinrent dans la ville et trouvèrent les choses comme il le leur avait dit, et préparèrent la pâque. Le soir étant venu, Jésus vint avec les douze[2]. »

Or, à l'extrémité du mont Sion, près de la porte de ce nom, presque à l'ombre du tombeau de David, se trouve cette grande chambre dont parle le divin Maître. Elle appartenait à quelqu'un de ses disciples dont le dévouement lui était bien connu. C'est là que Jésus a célébré la dernière cène avec ses apôtres; c'est là qu'il leur a lavé les pieds; c'est là qu'il a institué la sainte Eucharistie; c'est là qu'il révéla les noirs desseins du traître Judas; c'est là qu'il prononça cet admirable discours rapporté par saint Jean, et qui est comme l'abrégé de l'Evangile. C'est là qu'il apparut à ses disciples le jour même de sa résurrection, les

---

[1] Matth. xxvi, 17, 18.   [2] Marc, xv, xvi, xvii.

portes étant fermées, et encore huit jours après, lorsqu'il dit à saint Thomas : « Mets ici ton doigt, vois
mes mains, approche ta main, mets-la dans mon côté,
et ne sois plus incrédule, mais fidèle[1]. » C'est là que,
pendant dix jours, les apôtres se mirent en retraite,
la très-sainte Vierge à leur tête, pour se préparer à recevoir le divin Paraclet qui leur avait été promis ; c'est
là, en effet, qu'il tomba sur eux en forme de langues
de feu, le jour de la Pentecôte. C'est de là qu'ils sont
sortis pour communiquer ce feu sacré à la ville de Jérusalem, à la Judée, à l'univers entier. C'est là, bien
sûrement, que fut établi le sacrement de pénitence ;
les paroles que saint Jean met dans la bouche du Sauveur ne permettent pas d'en douter : « Paix à vous ;
comme mon Père m'a envoyé, je vous envoie... Recevez
le Saint-Esprit, continua-t-il après avoir soufflé sur eux ;
ceux à qui vous remettrez les péchés, ils leur seront
remis ; ceux à qui vous les retiendrez, ils leur seront
retenus[2]. » C'est là, dit-on, que saint Jacques le Mineur fut consacré évêque de Jérusalem ; que saint
Mathias fut désigné par le sort pour remplacer le
traître ; que les sept premiers diacres ont été élus, et
que s'est tenu le premier concile de Jérusalem, modèle de tous ceux qui se sont tenus dans l'Eglise et
s'y tiendront jusqu'à la fin des siècles.

Dès le premier monument que nous rencontrons sur
notre route, quelle abondante moisson de souvenirs !...
et quels souvenirs !... Nous en étions comme accablé.
C'est à peine si nos lèvres ont trouvé la force de

[1] Joan, xx, 27.   [2] Ibid, xxi, xxii, xxiii.

murmurer le *Pange lingua* et le *Veni creator* en l'honneur de la sainte Cène et de la descente du Saint-Esprit!...

Dès le temps des apôtres, on le conçoit, le cénacle a été changé en église. Les premiers évêques de Jérusalem et leurs troupeaux l'ont toujours eu en haute vénération; aussi n'est-il pas étonnant qu'un lieu sanctifié par tant de mystères ait des premiers attiré l'attention de sainte Hélène, lors de son voyage en Terre-Sainte. L'un des historiens grecs les plus anciens nous apprend qu'elle fit construire une belle église sur le mont Sion et qu'elle y enferma le cénacle[1]. Saint Jérôme parle de cette église[2], et atteste qu'on y voyait de son temps la colonne de la flagellation. L'église de Sainte-Hélène n'existe plus; mais sur la place même du cénacle les croisés avaient bâti une petite chapelle qui existe encore, et qui est malheureusement convertie en mosquée.

« Lorsque Jésus, écrit encore saint Jean, eut dit ces choses, c'est-à-dire, après avoir prononcé son admirable discours, il sortit du cénacle avec ses apôtres, et s'en alla au delà du torrent de Cédron, où il y avait un jardin, dans lequel il entra, lui et ses disciples[3]. Lorsqu'il fut arrivé dans ce lieu, il dit à ses apôtres : Priez, de peur que vous n'entriez en tentation.

« Puis il s'éloigna d'eux de la distance d'un jet de pierre, et, s'étant mis à genoux, il priait, disant :

---

[1] Nicéphore, lib. VIII. *Hist.*, cap. XXX.   [2] *Ep.*, XXVII.
[3] Joan, XVIII, 1.

Mon Père, si vous le voulez, éloignez de moi ce calice; cependant que ma volonté ne se fasse pas, mais
la vôtre. Alors lui apparut un ange du ciel, le forti-
fiant. Et, étant tombé en agonie, il priait encore davantage. Et il lui vint une sueur comme des gouttes
de sang découlant jusqu'à terre. S'étant levé de sa
prière, il vint à ses disciples et les trouva endormis
par suite de leur tristesse, et leur dit : Pourquoi dor-
mez-vous? Levez-vous; priez de crainte que vous
n'entriez en tentation. Jésus parlait encore, quand arriva une troupe, et à leur tête, celui qui s'appelait
Judas, l'un des douze. Il s'approcha de Jésus pour le
baiser; mais Jésus lui dit : Quoi! Judas, c'est par un
baiser que tu trahis le Fils de l'Homme[1]! »

Ainsi parle l'Evangile. Voyons maintenant comment
parle Gethsémani lui-même.

Nous avons voulu suivre le même chemin qu'avait
suivi Jésus-Christ pour se rendre du cénacle au jardin
de Gethsémani.

Nous avons passé sur une arche en pierre le torrent
de Cédron. C'est un ruisseau qui coule à l'orient de
Jérusalem, entre la ville et la montagne des Oliviers.
L'été, il est complétement à sec, et c'est ainsi que
nous l'avons trouvé; mais l'hiver, il reçoit toutes les
pluies qui coulent des deux montagnes abruptes dans
lesquelles il est encaissé; il s'enfle, coule à pleins bords,
déborde même quelquefois, et va se jeter en mugissant
dans la mer Morte. Mille ans avant Jésus-Christ, un
monarque d'Israël, qui a eu l'honneur d'être non-

---

[1] Luc, xxi, 40 — 48.

seulement l'aïeul et le prophète, mais encore l'une des figures les plus remarquables du Messie, traversait ce même torrent, les larmes aux yeux, suivi de quelques intimes, et fuyant devant la révolte de son fils Absalon!

Au pied du mont des Oliviers, tout près du torrent de Cédron, est le jardin de Gethsémani. Il n'a jamais changé de nom. On croit que Gethsémani était une campagne, un domaine [1] donné aux prêtres et aux lévites de l'ancienne loi pour y engraisser les agneaux qui devaient être offerts en sacrifice dans le temple. C'est là aussi que voulut se rendre l'Agneau de Dieu, pour se préparer à la grande immolation qui devait mettre fin à tous les autres sacrifices de l'ancienne loi.

La principale partie du jardin de Gethsémani appartient aujourd'hui aux Pères Franciscains, à ces intrépides religieux qui, depuis cinq siècles, montent la garde autour de tous les sanctuaires de la Terre-Sainte, en ne réclamant pour eux que l'honneur de les arroser de leurs sueurs, de leurs larmes, de leur sang. Ils l'ont entouré d'un mur de dix pieds de hauteur, pour l'empêcher d'être profané sous les pieds des passants. Il ne s'ouvre que devant la foi des pèlerins de toutes les nations. On trouve encore dans ce jardin huit oliviers qui sont évidemment contemporains du Sauveur. Ils l'ont vu agenouillé sous leurs branches, ils ont entendu ses soupirs et ses prières, ils ont vu ses larmes. Deux ont vingt-cinq pieds de

---

[1] *Villam, prædium.* — Matth. xxvi, 36, et Marc, xiv, 32.

circuit. Voici ce qu'en dit un écrivain qui n'est pas suspect :

« Il reste un petit coin de terre ombragé encore par huit oliviers que les traditions populaires assignent comme les mêmes arbres sous lesquels Jésus pria et pleura. Ces oliviers, en effet, portent réellement, sur leur tronc et sur leurs immenses racines, la date des dix-huit siècles qui se sont écoulés depuis cette grande nuit. Les troncs sont énormes, et formés, comme tous ceux des vieux oliviers, d'un grand nombre de tiges qui semblent s'être incorporées à l'arbre sous la même écorce et forment comme un faisceau de colonnes accouplées. Leurs rameaux sont presque desséchés, mais portent cependant encore quelques olives... Si ce ne sont pas les mêmes troncs, ce sont probablement des rejetons de ces arbres sacrés, mais rien ne prouve que ce ne sont pas identiquement les mêmes souches... J'ai parcouru toutes les parties du monde où croît l'olivier; cet arbre vit des siècles, et nulle part je n'en ai trouvé de plus gros, quoique plantés dans un sol rocailleux et aride [1]. »

C'est dans ce jardin que Jésus laissa ses apôtres, en leur recommandant toutefois la prière dont ils avaient si grand besoin dans les tristes circonstances où ils se trouvaient. Pour lui, *il s'éloigna d'eux de là distance d'un jet de pierre*. Il n'y a pas dans l'Evangile un détail, si petit, si indifférent qu'il soit, qui ne trouve une parfaite justification sur les lieux; car, du jardin de Gethsémani, nous avons jeté une pierre devant

[1] Lamartine, *Voyage en Orient*, t. I, p. 470.

nous, et elle est allée tomber sur l'endroit où Jésus s'est retiré seul pour entrer dans une plus intime communication avec son Père. Là même, en effet, est une grotte naturelle, connue en tout temps sous le nom de *Grotte de l'agonie*. C'est là qu'à la vue du calice où il devait boire tous les crimes, toutes les iniquités du monde, Notre-Seigneur sur sa sueur de sang, et qu'il serait probablement mort de douleur et, de honte, si un ange du ciel n'était accouru à son secours.

Entrons dans cette grotte. La voûte en est soutenue par trois gros piliers; elle ne reçoit de jour que par la porte et par une ouverture de forme irrégulière qui perce la voûte. Son obscurité porte au recueillement. Elle est encore telle qu'elle était du temps de Jésus-Christ; on n'y voit pas, comme au saint Sépulcre, de revêtements de marbre et d'incrustations de riches métaux; la foi peut se satisfaire à l'aise; rien n'est caché à ses yeux : riche nudité bien préférable à tout l'or et et à tous les rubis du monde !... seulement, au fond de la grotte est adossé à la muraille un autel sur lequel nous avons eu le bonheur d'offrir l'adorable sacrifice, dans ce lieu même où la sainte Victime qui s'immolait entre nos mains avait commencé le sien. Au-dessous de l'entablement de l'autel est un tableau qui représente l'agonie du Sauveur. Vers le centre de la grotte, du côté de l'épître, on lit, gravé sur une plaque de marbre : *Et factus est sudor ejus sicut guttæ sanguinis decurrentis in terram*[1].

Lorsque Jésus eut achevé sa prière et soumis entiè-

---

[1] Et sa sueur devint comme des gouttes de sang coulant sur la terre.

rement sa volonté à celle de son Père, il revint près
des disciples qu'il avait laissés dans le jardin. Ils n'a-
vaient pu résister aux entraînements du sommeil. A
peine les a-t-il réveillés, que parait le traître, guidant
la cohorte qu'il avait reçue, non pas de l'autorité com-
pétente, qui était restée étrangère à tout ce qui se passait, mais bien des pontifes et des pharisiens. Jésus,
les apercevant, s'avance à leur rencontre, *processit,* et
leur dit : « Qui cherchez-vous ? *Quem quæritis ?* » Le
mot *processit* donne à penser que l'endroit où Judas fit
servir à la trahison le signe le plus tendre de l'amitié
n'était pas très-éloigné du lieu où dormaient les apôtres ;
et, en effet, il n'y a pas dix pas d'un lieu à l'autre.
Une petite borne sur laquelle une simple croix est gravée indique à peu près l'endroit où, après avoir donné
une preuve non douteuse de sa haute puissance en ren-
versant ses ennemis d'un seul souffle de ses lèvres, le
Très-Fort et le Très-Haut s'est laissé enchaîner comme
un faible enfant, et conduire, au milieu des huées de
la populace, aux différents tribunaux où nous allons le
voir maintenant comparaître.

« Alors la cohorte, le tribun et les archers des Juifs
se saisirent de Jésus et le lièrent ; puis ils l'emmenèrent
d'abord chez Anne, parce qu'il était le beau-père de
Caïphe, qui était le pontife de cette année-là. Or Caïphe
était celui qui avait donné ce conseil aux Juifs : Il est
avantageux qu'un seul homme meure pour le peuple.
Cependant le pontife interrogea Jésus touchant ses disciples et sa doctrine. Jésus lui répondit : J'ai parlé
publiquement au monde ; j'ai toujours enseigné dans la

synagogue et dans le temple où tous les Juifs s'assemblent, et en secret je n'ai rien dit. Pourquoi m'interroges-tu? Interroge ceux qui ont entendu ce que je leur ai dit : voilà ceux qui savent ce que j'ai enseigné. Après qu'il eut dit cela, un des archers, là présent, donna un soufflet à Jésus, disant : Est-ce ainsi que tu réponds au grand prêtre? Jésus lui répondit : Si j'ai mal parlé, prouve-le-moi ; si j'ai bien parlé, pourquoi me frappes-tu [1]? »

La maison d'Anne se trouve sur le penchant du mont Sion, du côté de l'orient. Sur son emplacement est construit un monastère de religieuses arméniennes, destiné à donner l'hospitalité aux pèlerins de leurs pays. La salle où comparut Jésus-Christ devant Anne, et où il fut interrogé sur ses disciples et sur sa doctrine, est aujourd'hui transformée en chapelle. C'est là qu'il reçut un soufflet d'un valet, que saint Chrysostôme croit être Malchus lui-même. Il avait été miraculeusement guéri par le Sauveur; mais on sait que la reconnaissance pèse aux cœurs vils et rampants! Une petite lampe, toujours allumée, signale ce lâche attentat à l'endroit même où il fut consommé.

« Et Anne envoya ensuite Jésus lié à Caïphe, le grand prêtre. Cependant Simon Pierre était là debout et se chauffait. Ils lui dirent donc : Et toi, n'es-tu pas aussi de ses disciples? Il le nia et dit : Je n'en suis pas. Un des serviteurs du pontife, parent de celui à qui Pierre avait coupé l'oreille, lui dit : Ne t'ai-je pas vu dans le jardin avec lui? Pierre le nia, et aussitôt le coq chan-

[1] Joan, XVIII, 12, 13, 14, 19, 20, 21, 22, 23.

ta [1]. Cependant les princes des prêtres et tout le conseil cherchaient un faux témoignage contre Jésus, pour le livrer à la mort, et ils n'en trouvèrent pas, quoique beaucoup de faux témoins se fussent présentés. En dernier lieu, vinrent deux faux témoins qui dirent : Celui-ci a dit : Je puis détruire le temple de Dieu et, après trois jours, le rebâtir. Alors le prince des prêtres lui dit : Tu ne réponds rien à ce que ceux-ci témoignent contre toi ? Mais Jésus se taisait. Et le prince des prêtres lui dit : Je t'adjure par le Dieu vivant de nous dire si tu es le Christ, le Fils de Dieu. Jésus lui répondit : Tu l'as dit. De plus, je vous le déclare, vous verrez un jour le Fils de l'homme assis à la droite de la majesté de Dieu, et venant porté sur les nuées du ciel. Aussitôt le prince des prêtres déchira ses vêtements, disant : Il a blasphémé, qu'avons-nous besoin de témoins ? Voilà que maintenant vous avez entendu le blasphème. Que vous en semble ? Ils répondirent : Il est digne de mort. Alors ils lui crachèrent au visage, ils le déchirèrent à coups de poings, et d'autres lui donnèrent des soufflets en disant : Christ, prophétise-nous quel est celui qui t'a frappé [2]. »

La maison de Caïphe n'est pas très-éloignée de la maison d'Anne. Ce n'était pas sa maison particulière : c'était la résidence des pontifes en fonction. Elle est aujourd'hui changée en un vaste couvent appartenant aux Arméniens. Dans l'enceinte du couvent on voit une petite cour d'environ vingt-cinq pas de longueur sur dix de largeur. C'est dans cette cour que saint Pierre

[1] Joan, XXIV, XXV, XXVI, XXVII.   [2] Matth., XXVI, de 59 à 68.

se chauffait autour d'un brasier ardent et qu'il renia
Jésus à trois fois différentes. Un coq peint sur la muraille rappelle la triste faiblesse du Chef du collége
apostolique. A main gauche, en entrant dans cette petite cour, est une chapelle bâtie par la pieuse impératrice Hélène et dédiée à saint Pierre. Cette chapelle
est petite, mais elle renferme deux reliques splendides :
la première est un petit cabinet obscur qui touche à
l'autel du côté de l'épître, et qui est connu sous le
nom de la *prison du Christ.* C'est là que Jésus fut
renfermé jusqu'au matin, après avoir été abreuvé des
plus grossiers outrages dans cette nuit désolante.
L'autre relique est cette pierre qui bouchait l'entrée
du sépulcre, sur laquelle la Judée avait mis le sceau
de l'État quand le corps de Jésus y avait été déposé;
cette pierre qui excitait l'effroi des faibles et timides
femmes, lorsqu'elles se disaient entre elles : Qui nous
enlèvera la pierre de l'entrée du sépulcre? *Quis revol-
vet nobis lapidem ab ostio monumenti* [1]? Or cette
pierre vénérable et sacrée sert maintenant de pierre
d'autel au pieux sanctuaire dont nous parlons.

« Ils amenèrent ensuite Jésus de chez Caïphe dans
le prétoire. C'était le matin, ils ne voulurent pas entrer dans le prétoire, afin de ne pas se souiller et de
ne pouvoir manger la pâque. Pilate vint donc à eux
dehors, et dit : Quelle accusation portez-vous contre
cet homme? Ils répondirent : Si ce n'était pas un mal-
faiteur, nous ne vous l'aurions pas livré. Alors Pilate
leur dit : Prenez-le vous-mêmes, et jugez-le selon votre

---

[1] Marc, XVI, 3.

loi. Mais ils répondirent : Il ne nous est permis de mettre personne à mort. Pilate rentra donc dans le prétoire, appela Jésus, et lui dit : Es-tu le roi des Juifs ? Jésus répondit : Dis-tu cela de toi-même, ou d'autres te l'ont-ils dit de moi ? Pilate reprit : Est-ce que je suis Juif, moi ? La nation et les pontifes t'ont livré à moi ; qu'as-tu fait ? Jésus répondit : Mon royaume n'est pas de ce monde. Si mon royaume était de ce monde, mes serviteurs combattraient certainement pour que je ne fusse pas livré aux Juifs ; mais, je l'assure, mon royaume n'est pas d'ici. Alors Pilate lui repartit : Tu es donc roi ? Jésus répondit : Tu le dis, je suis roi. Si je suis né et si je suis venu dans le monde, c'est pour rendre témoignage à la vérité. Quiconque est dans la vérité écoute ma voix. Pilate lui demanda : Qu'est-ce que la vérité ? Et, ayant dit cela, il va de nouveau vers les Juifs, et leur dit : Je ne trouve en lui aucune cause de mort[1]. Mais les Juifs insistaient, en disant : Il soulève le peuple, enseignant par toute la Judée, commençant par la Galilée jusqu'ici. Pilate, entendant nommer la Galilée, demanda si cet homme était Galiléen. Et dès qu'il sut qu'il était de la juridiction d'Hérode, il le renvoya à Hérode, qui était lui-même à Jérusalem en ces temps-là[2]. »

Du temps de Jésus-Christ la Judée avait perdu sa liberté. Les armes romaines l'avaient subjuguée : ce n'était plus qu'une province du grand empire. Plus de deux mille ans à l'avance, le vénérable patriarche Jacob avait marqué cette époque, la plus frappante de

____

[1] Joan, xviii, de 28 à 38.   [2] Luc, xxiii, 5, 6, 7.

toutes, comme un signe infaillible de la venue du Messie. C'était donc Rome qui donnait des lois à la Judée, c'était Rome qui la gouvernait, c'était Rome qui, seule, avait droit de vie et de mort sur ses citoyens. Nous venons d'entendre les Juifs eux-mêmes le proclamer solennellement Quelque désireux que fussent les Juifs de verser le sang de Jésus-Christ, ils ne le pouvaient donc sans l'autorisation du gouvernement romain. Ponce-Pilate avait succédé à Valerius Gratus dans le gouvernement de la Judée. Les Juifs lui amenèrent Jésus-Christ, pour l'engager à sanctionner la peine de mort qu'ils avaient prononcée contre lui.

Presque au milieu de la sainte cité, au côté gauche du temple de Salomon, proche la tour Antonia, se trouvait le palais des gouverneurs romains. Au dedans était le prétoire où Pilate écoutait les causes et les jugeait; on montait à ce palais par un bel escalier de marbre de vingt-huit marches. Jésus l'a monté et descendu trois fois : d'abord lorsqu'il fut conduit de Caïphe à Pilate, et de Pilate à Hérode; ensuite lorsqu'il retourna d'Hérode à Pilate, et qu'il se rendit au lieu de la flagellation; il le remonta enfin après la flagellation, et le descendit de nouveau pour se rendre au Calvaire, chargé du bois de sa croix. Cet escalier fut teint du sang qui découlait de ses plaies. C'est pour cette raison que sainte Hélène le fit transporter à Rome, où il se voit actuellement au mont Célius, sur le parvis même de Saint-Jean de Latran. Tous les jours, depuis quinze siècles, il est usé par les baisers des pèlerins qui ne le montent qu'à genoux et en l'arrosant de leurs larmes. A la place de cet escalier de marbre, on monte aujourd'hui au palais de Pilate par un escalier de pierre ; mais, à cause de l'exhaussement de la rue, il ne compte plus que onze marches. C'est sur ce perron que s'avança Pilate pour parler aux Juifs qui craignaient de se souiller en entrant dans l'appartement d'un païen le même jour où ils devaient manger la pâque.

Dans toute la Terre-Sainte, les expiations n'ont cessé de se succéder aux profanations, et les profanations aux expiations. Sainte Hélène avait commencé les premières ; notre catholique France les avait achevées. Partout où les croisades avaient trouvé un lieu sanctifié par la présence ou l'attouchement du Sauveur, partout sortait du sol, comme une fleur miraculeuse, une église ou une chapelle. Hélas ! nous n'avons retrouvé que leurs ruines. C'est ainsi que le palais de Pilate avait été transformé en église, et ses chambres en autant d'oratoires, comme il est facile de s'en apercevoir encore aujourd'hui ; car, excepté son ancienne splendeur, la construction du palais de Pilate est presque dans son premier état. Les chambres, changées en chapelles, ont été rendues à des usages profanes, bien qu'elles retiennent encore la forme de chapelles ; et, quoique les peintures qui ornaient les murs aient été détruites avec soin, on en remarque encore quelques traces échappées au vandalisme mahométan.

Nous ne pourrions jamais exprimer ce que nous avons éprouvé en parcourant ce palais, transformé aujourd'hui en caserne. Chaque pierre semblait nous répéter à l'envi ce magnifique dialogue entre Jésus et Pilate, que saint Jean nous a conservé. Mais, en entendant Pilate demander « Qu'est-ce que la vérité? » et, sans se donner la peine d'attendre la réponse, laisser brusquement Jésus de côté et se retourner vers les Juifs, nous ne pouvons nous empêcher de retrouver la trop déplorable légèreté de notre siècle, qui daigne bien encore parfois questionner sur la religion, mais qui ne se donne pas la peine d'écouter les réponses, ou les oublie nonchalemment aussitôt qu'elles lui sont apprises.

Pilate n'était pas méchant, il n'était que faible. Son caractère se montre au naturel dans toute la procédure qu'il suit contre Jésus. Apprenant qu'il était de Galilée, et qu'Hérode, tétrarque de la Galilée, se trouvait alors à Jérusalem, il est enchanté, pour s'éviter d'avoir à prononcer une condamnation capitale, de décliner sa juridiction sur Jésus et de le renvoyer à celle d'Hérode.

Le palais d'Hérode est à quelque distance du temple de Salomon et au nord-est de celui de Pilate. Dans la partie supérieure s'est vu pendant longtemps le grand appartement où Jésus avait été présenté devant Hérode et sa cour. Ce prince voluptueux et impie ne méritait pas d'entendre le Verbe et la Sagesse du Père. Aussi, à toutes les questions qui lui furent faites, Jésus n'opposa qu'un mutisme complet : ce qui lui attira le mépris d'Hérode et le fit renvoyer ignominieusement à Pilate.

C'est donc encore aux murailles de ce palais à nous

redire les vains efforts que fit ce lâche gouverneur pour le tirer d'entre les mains des Juifs; l'indigne parrallèle entre Jésus et le plus insigne brigand que renfermât alors Jérusalem, la flagellation, le couronnement d'épines, et toutes ces autres cruautés relevées des plus insultantes dérisions !

Il ne convenait pas qu'un criminel fût flagellé dans l'intérieur du palais d'un gouverneur : aussi est-ce dans la cour du prétoire que la garde du gouverneur conduisit Jésus pour subir ce supplice, si infamant, qu'il était sévèrement défendu de l'infliger à un simple citoyen romain. Là se trouvait une colonne surmontée d'un anneau de fer, où l'on attachait le criminel, dont le dos et les épaules s'élevaient au-dessus de la colonne, en forme de voûte, pour faciliter l'action des bourreaux. C'est à cette colonne que fut attaché Jésus. Nous l'avons vue dans l'église de Sainte-Praxède, à Rome, où elle a été transportée vers l'an 1233, sous le pontificat d'Honorius III, par les soins du cardinal Jean, légat apostolique en Orient. A la place même de cette colonne, s'élève un autel sur lequel nous avons fait couler le même sang que les lanières des exécuteurs avaient fait jaillir des veines de Jésus. Au pied de l'autel on lit ces mots : *Flagellatus sum tota die, et castigatio mea in matutinis*[1]. Le sanctuaire, dignement restauré, appartient encore à l'intrépide milice du patriarche séraphique.

Mais il y a dans le palais de Pilate d'autres ruines non moins vénérables. C'est l'arcade de l'*Ecce Homo*,

[1] Je suis flagellé pendant tout le jour et châtié dès le matin.

qui traverse encore la rue dans toute sa largeur. Sans nul doute, il est facile de s'en apercevoir, l'arcade elle-même n'est qu'une assez pauvre maçonnerie des Turcs. Mais les deux pilastres qui la supportent, dont l'un est enclavé dans une dépendance du palais de Pilate, et l'autre dans la communauté de Notre-Dame de Sion, remontent évidemment à la plus haute antiquité.

« Il est possible que l'arc en question, dit un des plus illustres membres de l'Institut, qui appartenait au palais de Pilate, ait effectivement servi de tribune dans les occasions où le gouverneur romain avait le peuple à haranguer. Quoi qu'il en soit, je maintiens que l'arcade est contemporaine des événements de la passion [1]. »

Du haut de cette arcade, les gouverneurs romains pouvaient voir facilement ce qui se passait à l'orient et à l'occident. C'est là que, pour tenter un dernier effort, et pour être vu de tous les côtés, du peuple qui encombrait la rue, Pilate présenta Jésus portant la couronne d'épines et le vêtement de pourpre, en disant : « Voici que je vous l'amène dehors, afin que vous sachiez que je ne trouve en lui aucune cause de mort [2]. » La vue de Jésus, réduit à un état si pitoyable, eût amolli des cœurs de tigre ; mais la proposition de Pilate fut accueillie avec un tel tonnerre de *tolle*, *tolle* [3], qu'il semble que les Juifs se soient servis de leurs langues comme d'instruments tranchants pour

---

[1] De Saulcy, *Voyages dans les terres bibliques*. t. I, 375.

[2] Joan, XIX, 4, 5.   [3] Eloignez-le ! éloignez-le !

graver ces paroles sur l'arc même de Pilate ; car le plus fidèle historien de la Terre-Sainte nous assure que de son temps, on les lisait en gros caractères sur les pierres du monument [1].

Ce fut un coup de foudre pour Pilate : par la plus inexplicable des inconséquences, il veut se blanchir en se faisant apporter de l'eau, et il se lave les mains devant le peuple en disant : « Je suis innocent du sang de ce juste, c'est votre affaire [2]. » Et cependant, au lieu de mettre ce juste en liberté, comme on devait s'y attendre, aussitôt après il le leur livre pour être crucifié : *Tradidit Jesum flagellis cœsum ut crucifigeretur* [3].

De la maison de Pilate au Calvaire, il y a à peu près huit cent vingt pas : c'est ce qu'on appelle à Jérusalem *la Voie douloureuse*; c'est celle que nous allons suivre maintenant dans la compagnie du divin Maître.

De pieuses traditions concernent la *Via dolorosa*. Elles ont été conservées fidèlement par les quarante évêques de Jérusalem qui se sont succédé depuis saint Jacques le Mineur, premier évêque, jusqu'à Constantin et sa pieuse mère ; par les monuments authentiques qui les ont ensuite confirmées de tout le poids de l'autorité impériale; par le soin maternel avec lequel les croisades ont veillé sur elles, et par six siècles qui se sont écoulés depuis les croisades, et

---

[1] Quaresmius, *Terræ sanctæ Elucidatio*, lib. IV, cap. IX.

[2] Matth. XXVII, 24.

[3] Il livra Jésus flagellé pour qu'on le crucifiât. Matth. XXVII, 26.

pendant lesquels les pèlerins de toutes les nations sont venus les puiser comme à une source toujours pure et toujours limpide, pour les remporter ensuite précieusement dans leur pays.

L'Eglise les a recueillies ces pieuses traditions; elles les a bénies, sanctifiées, consacrées, couvertes d'indulgences. Elle les a fait entrer jusque dans les entrailles du culte catholique, sous le titre des *quatorze stations du chemin de la croix*, ou d'exercice du *via crucis*. Ce serait donc témérité à nous de nous écarter un seul instant de ce plan si populaire.

Jésus est condamné à mort. Le prétoire de Pilate, où a été prononcée cette insigne sentence : première station.

Aussitôt la sentence prononcée, les soldats s'emparent de lui : *Susceperunt autem Jesum*[1]. Ils le tournent en dérision, lui enlèvent la pourpre et les autres insignes de sa royauté de théâtre dont ils l'avaient revêtu quelque temps auparavant, et lui rendent ses habits ordinaires : *Et postquam illuserunt ei, exuerunt illum purpura et induerunt eum vestimentis suis.* Et ils le font sortir du palais pour l'emmener au lieu du crucifiement : *Et educunt illum ut crucifigerent eum*[2]. C'est au pied de l'escalier de Pilate que ce nouvel Isaac fut chargé du bois de son sacrifice pour se rendre au Calvaire, en hébreu *Golgotha : Et bajulans sibi crucem, exivit in eum qui dicitur Calvariæ locum, hebraïce autem Golgotha*[3]. C'est la deuxième station.

---

[1] Joan. xix, 16.   [2] Marc. xv, 20.   [3] Joan. xix, 17.

Jésus se mit en marche, au milieu d'une cohue indéfinissable. Il passe sous l'arc où Pilate l'a donné en spectacle à Jérusalem, et qui désormais n'aura d'autre nom que celui de l'*Ecce Homo* ; et il arrive avec une grande peine jusqu'à l'extrémité du palais de Pilate. Mais à peine a-t-il atteint l'angle de la rue qui tourne à gauche, qu'épuisé par l'affreux supplice de la flagellation qui lui avait enlevé une grande partie de son sang, il tombe sous le poids de sa croix la face contre terre. Une colonne couchée horizontalement le long de la muraille indique le lieu de cette première chute. Troisième station.

Non loin de là, dans la même rue, à droite, se trouve le lieu où l'Homme de douleur rencontra sa très-sainte Mère avec les femmes qui l'accompagnaient. Lorsqu'elle voit la tête de son divin Fils couronnée d'épines, sa chair labourée par les fouets, sa face couverte d'affreux crachats, ses épaules chargées du bois de sa croix, ses pieds déchirés et pliant sous le fardeau, son cœur maternel s'agite tellement qu'elle tombe évanouie. Sainte Hélène avait construit là une église sous le vocable de *Notre-Dame du Spasme*. Il existe encore un sanctuaire bâti sur l'emplacement du premier, et que viennent d'acheter les Arméniens catholiques. Ce sanctuaire est composé de deux chapelles, dont l'une est dédiée à la première chute de Jésus, et l'autre à la rencontre du Sauveur et de sa très-sainte Mère.

Cette triste circonstance de la vie de la très-sainte Vierge a inspiré d'admirables pages aux docteurs de l'Eglise , et en particulier à saint Bonaventure[1], à saint Anselme[2] et à saint Laurent-Justinien[3]. Le saint vieillard Siméon avait prédit à Marie, dans le temple, qu'un glaive de douleur traverserait son âme, afin que les pensées de beaucoup de cœurs fussent révélées[4]. Un pieux commentateur de la sainte Ecriture explique ainsi ces dernières paroles : pour mettre au jour et confondre les pensées des hérétiques qui ont soupçonné que Marie n'était pas sa mère : *ad revelandas multorum cogitationes qui suspicabantur te non esse matrem*[5]. Car, de même que Jésus-Christ, dans sa passion, a montré qu'il était véritablement homme; de même la sainte Vierge, par ses douleurs et son évanouissement, a montré qu'elle était véritablement sa mère! « Comme on retrouve Marie au pied de la croix, dit Chateaubriand, ce récit des Pères n'a rien que de probable. La foi ne s'oppose pas à ces traditions. Elles montrent à quel point la merveilleuse et sublime histoire de la Passion s'est gravée dana la mémoire des hommes. Dix-huit siècles écoulés, des persécutions sans fin, des révolutions éternelles, des ruines toujours croissantes n'ont pu effacer ou cacher la trace d'une mère qui vient pleurer son fils[6]. » C'est la quatrième station.

A une centaine de pas plus loin, est un lieu qu'on appelle *Trivium*, parce qu'il est le rendez-vous de trois routes différentes. C'est là que les soldats qui

---

[1] *Medit. Vitæ Christi*, cap. LXXVII, 79, 80.

[2] *Dialog. de Pass. Domini.*   [3] *De triumphali agone*, XXI.

[4] Luc. II, 35.   [5] *Euthymius.*   [6] *Itinéraire.*

conduisaient Jésus, trouvèrent un passant, un homme de la ville de Cyrène, nommé Simon, père d'Alexandre et de Rufus. Il revenait de sa maison des champs, vraisemblablement par la porte de Damas. Peut-être, à la vue de l'auguste Victime et du triste état où elle était réduite, son âme sensible aurait-elle laissé éclater une douleur involontaire. Alors les soldats se jettent sur lui, et, sans doute pour le punir de sa pitié, ils le chargent de la croix qu'ils le forcent de porter à la suite de Jésus : *Et imposuerunt illi crucem portare post Jesum* [1]. C'est la cinquième station.

La sixième station a pour enseigne la maison de la sainte femme nommée dès lors *Véronique* [2]. Jésus avait parcouru, avec l'aide de l'heureux Simon, un espace de deux cents pas, lorsqu'une femme sort avec empressement de sa maison, et offre au divin patient le voile de sa tête pour essuyer sa face couverte de sueur, de poussière, de sang et de crachats. Jésus, qui avait refusé de répondre au roi Hérode et au gouvernement romain, ne dédaigna pas d'accepter ce faible soulagement. Mais combien cet acte de charité fut richement récompensé ! En signe de gratitude et d'amour pour cette pieuse femme, il permet que sa divine effigie reste empreinte sur ce voile. Cette maison se trouve à gauche, au milieu de la rue qui conduit à la porte judiciaire.

Partout où sera publié l'Evangile, partout l'action de Véronique sera aussi célèbre que celle de Madeleine parfumant les pieds du Seigneur, les oignant de

---

[1] Luc. XXIII, 26.   [2] Véritable image.

baume et les essuyant de ses cheveux. Cette miraculeuse image est maintenant conservée avec un grand respect dans la basilique de Saint-Pierre, à Rome, où l'on croit qu'elle a été placée par Constantin lui-même. On la montre au peuple, à certaines fêtes, du haut d'une tribune de la coupole de Saint-Pierre, et nous n'oublierons jamais qu'à l'une de ces fêtes, dans un anniversaire de la consécration de Saint-Pierre, Sa Sainteté Pie IX, non loin de laquelle nous avions l'insigne honneur de nous trouver, se tint profondément courbée tout le temps que s'agita la petite sonnette indiquant la pieuse exhibition. L'Église, aussi reconnaissante que Notre-Seigneur lui-même envers la pieuse Véronique, lui a érigé une magnifique et colossale statue de marbre, à l'entrée du chœur de l'incomparable basilique du Prince des apôtres. Elle est représentée tenant entre ses mains l'effigie miraculeuse. On dirait qu'elle veut faire partager son bonheur à tous ceux qui la contemplent et, si elle pouvait, à l'univers entier.

La rue qui conduit au Calvaire est fort difficile, et va toujours en montant. Il n'est donc pas surprenant qu'à quelques pas seulement de la maison de sainte Véronique, et malgré l'aide de Simon le Cyrénéen, Jésus soit tombé une seconde fois. Humainement parlant, sur une pente aussi roide, un condamné ordinaire n'eût ps manqué de mourir en route. C'est la septième station.

Jésus arrive à la porte Judiciaire. C'est la porte par laquelle tous les condamnés à mort étaient obligés de

passer pour se rendre au Calvaire, lieu de leur supplice. Cette porte se trouve dans la partie occidentale
de la ville. La *porte Dorée* et la *porte Judiciaire* sont
les deux plus célèbres et les plus vénérables de la
ville : la première, parce que c'est par cette porte que
Jésus entra dans Jérusalem le jour des Rameaux ; la
porte *Judiciaire*, parce que c'est par cette porte que
Jésus sortit pour se rendre au Calvaire : *Et bajulans
sibi crucem exivit in eum qui dicitur Calvariæ
locum. Exivit*, il sortit, d'abord du palais de Pilate,
et ensuite de la ville par la porte Judiciaire. C'est aussi
de cette porte que parle saint Paul, en disant : « C'est
pourquoi Jésus lui-même, pour sanctifier le peuple par
son sang, a souffert hors de la porte de la ville :
*Propter quod et Jesus, ut sanctificaret per sangui-
nem suum populum, extra portam passus est*[1]. »

A cause des nombreux vestiges d'antiquité qu'on remarque à cette porte, il est évident qu'elle est encore
en grande partie la même que du temps de Jésus-
Christ. On l'appelle *judiciaire*, parce que c'est là
que se rassemblaient les anciens pour *juger* les
causes qui leur étaient soumises. On sait d'ailleurs
que c'est à la porte des villes que, chez les Hébreux,
se rendaient tous les jugements. Les saintes Écritures
en fourmillent de preuves. A cette porte est encore
une colonne plus élevée que les autres, à laquelle on
prétend qu'on affichait habituellement les sentences
des condamnés, et que celle qui envoyait Jésus à la
mort y fut affichée comme les autres.

[1] *Hæb.* xiii, 11.

C'est auprès de cette porte que Jésus, entendant les cris et les lamentations des femmes qui le suivaient, oublia un instant ses propres souffrances pour ne penser qu'à leur deuil. Il se retourne vers elles, et leur dit : « Filles de Jérusalem, ne pleurez pas sur moi, mais pleurez sur vous-mêmes et sur vos enfants. Car voici que viendront des jours où on leur dira : Heureuses les stériles et les entrailles qui n'ont pas engendré, et les mamelles qui n'ont pas allaité. Alors ils commenceront à dire aux montagnes : Tombez sur nous; et aux collines : Couvrez-nous. Car, si l'on fait ainsi au bois vert, que ne fera-t-on pas au bois sec[1] ? » Il est évident, que par une commisération bien touchante, Jésus veut prévenir les femmes et les filles de Jérusalem des épouvantables malheurs que son déicide ne manquera pas d'attirer sur elle. Qu'on rapproche de ces paroles la description qu'un témoin oculaire, l'historien Josèphe, nous a laissée du siége de Jérusalem par Titus, et l'on verra si le tableau est trop chargé : « Une si grande famine, dit-il, régnait dans la ville assiégée, qu'on ne trouvait plus de légumes pour se nourrir. On cherchait dans les étables du fumier pour servir d'aliments. Mais la famine croissant de jour en jour, on ne s'abstint pas de la chair humaine. On mangea d'abord le vieux cuir des souliers, des ceintures, et celui qui couvrait les boucliers. Les restes de vieux foin étaient vendus à grand prix. Une femme noble et fort riche, nommée Marie, fille d'Éléazar, qui avait été dépouillée de toutes ses richesses, man-

[1] Luc. XXIII, 27, 28, 29, 30, 31.

quant même de ces tristes ressources, et ne prenant conseil que d'un délire inspiré par la faim, saisit son enfant encore à la mamelle et le mit au feu pour le manger. Attirés par l'odeur qui sortait de cette maison, les soldats, qui cherchaient partout de la nourriture, y étant entrés, et ayant vu les restes de cet infernal repas, s'en retournèrent en maudissant cet attentat. Ce bruit se répandit bientôt dans toute la ville, et chacun, ne pouvant détourner les yeux de cette monstruosité, en avait horreur comme s'il en eût été lui-même coupable [1]. » Le même historien nous apprend ailleurs qu'il périt dans ce siége onze cent mille Juifs, et qu'on attachait tous les fuyards à des croix que les assiégés pouvaient voir du haut de leurs remparts. Le nombre en était si grand, qu'on ne pouvait suffire à faire des croix et qu'on ne trouvait pas assez de place pour les planter [2]. Quel commentaire des paroles de Notre-Seigneur aux saintes femmes !

Ces paroles portèrent leur fruit, car nous savons que les chrétiens ne les avaient pas oubliées ; peu de temps avant le siége ils se retirèrent avec leur évêque à Pella, au delà du Jourdain. Là, ils attendirent des jours meilleurs, et plus tard, en effet, ils rentrèrent paisiblement dans leurs foyers. Les horreurs de ce long siége avaient été épargnées à leur fidélité.

Le lieu où furent adressées ces mêmes paroles aux femmes d'Israël forme la huitième station.

La porte Judiciaire, ouverte du temps de Jésus-Christ, est maintenant murée, de sorte qu'on ne peut

---

[1] *De Bell. judaico*, lib. VII, cap. VIII et IX.   [2] Lib. VI. cap. XI.

plus suivre le même chemin qu'a suivi le divin Sauveur pour se rendre au Calvaire. On est obligé de faire un détour pour aller rejoindre la neuvième station. C'est le lieu où, la pente étant devenue plus rapide encore, Jésus, qui s'affaiblissait de plus en plus, tomba pour la troisième fois. Peut-être a-t-il voulu par là nous donner une image de notre propre fragilité, nous apprendre que, même après les meilleures résolutions, nous retomberions encore si nous n'étions soutenus de sa grâce, et nous engager à ne jamais désespérer de la miséricordieuse bonté de Dieu, qui sera toujours plus grande que notre malice.

La porte Judiciaire est au pied du Calvaire. Aujourd'hui le Calvaire est dans l'enceinte de la ville, parce qu'elle s'est étendue du côté du nord ; mais, du temps de Jésus-Christ, il était en dehors de la ville. Il ne faut pas l'oublier, entre la porte Judiciaire et le Calvaire, il y avait alors une grande place où se tenaient ceux qui voulaient assister aux exécutions capitales. Le texte même de l'Évangile l'indique suffisamment : le peuple était là, regardant ce spectacle ; et les chefs le raillaient avec le peuple, disant : « Il a sauvé les autres ; qu'il se sauve, s'il est le Christ, l'élu de Dieu[1]. »

Les cinq dernières stations se trouvent au Calvaire même.

C'était l'usage, chez les Romains, de dépouiller entièrement les suppliciés de leurs habits. Les soldats et les bourreaux se partageaient ensuite ces dépouilles.

[1] Luc. XXIII, 35.

Cet acte barbare ne fut défendu que plus tard, sous l'empereur Adrien. Celui donc qui revêt le ciel d'étoiles et la terre de fleurs fut dépouillé de ses vêtements : « Les soldats, après avoir crucifié Jésus, prirent ses vêtements et en firent quatre parts, une pour chaque soldat. Ils prirent aussi sa tunique. Or la tunique était sans couture et d'un seul morceau, depuis le haut jusqu'au bas. Ils se dirent donc les uns aux autres : Ne la coupons pas, mais tirons au sort à qui elle appartiendra ; afin que cette parole de l'Écriture fût accomplie : Ils ont partagé entre eux mes vêtements, et ils ont tiré ma robe au sort. Et les soldats firent ainsi [1]. »

Il fallait que le mystère du sort jeté sur la tunique sans couture renfermât un bien haut enseignement, puisque non-seulement les évangélistes en ont parlé, mais les prophètes eux-mêmes l'ont annoncé bien des siècles auparavant. Aussi ce mystère a-t-il fourni d'éloquentes pages à tous les docteurs sur l'absolue nécessité de garder entière la robe sans couture de Jésus-Christ ; c'est-à-dire, de ne pas déchirer l'Église par des schismes et des hérésies, et de veiller sur son unité comme sur la prunelle de notre œil, sous peine de damnation éternelle.

La chapelle de la division des vêtements existe derrière le grand autel des Grecs. La scène qui s'est passée là est représentée sur un tableau qu'on voit au-dessus de l'autel. C'est la dixième station.

« Ils le crucifièrent ensuite, et avec lui deux autres, l'un à sa droite, l'autre à sa gauche. Pilate fit une

---

[1] Joan. XIX, 23, 24.

inscription et la mit sur la croix. Or il était écrit : Jésus de Nazareth, roi des Juifs. Beaucoup de Juifs lurent cette inscription, parce que le lieu où Jésus avait été crucifié était proche de la ville, et qu'elle était écrite en hébreu, en grec et en latin. Les pontifes des Juifs dirent donc à Pilate : N'écrivez pas le roi des Juifs, Mais parce qu'il a dit : Je suis le roi des Juifs. Pilate répondit : Ce que j'ai écrit, je l'ai écrit[1]. »

Avec une admirable simplicité qui ne se trouve que dans les Écritures, les évangélistes se contentent de dire « et ils le crucifièrent, *et crucifixerunt eum*, » sans entrer ni dans les détails, ni dans le mode de crucifiement. Le plus simple était de coucher la croix par terre, d'étendre sur ce lit de douleur la divine Victime, et de clouer en même temps sur ce bois ses pieds et ses mains. C'est aussi le sentiment de saint Cyrille, de saint Léon, de saint Jérôme, de saint Antonin, de saint Anselme, de saint Laurent-Justinien. C'est pour cela, dit un homme célèbre par sa grande érudition, que le vendredi saint on couche la croix par terre, et que tous les fidèles viennent la vénérer à la suite du clergé[2]. Notre-Seigneur lui-même semble y faire allusion, lorsqu'il dit : Quand je serai exalté de terre, j'attirerai tout à moi; *et ego si exaltatus fuero a terra, omnia traham ad meipsum*[3]. Pourquoi ce mot *à terra*, si Jésus-Christ n'avait vraiment été levé, exalté de terre, quand la croix fut placée là où elle devait l'être ?

---

[1] Joan. xix, 18, 19, 20, 21, 22.   [2] Salmeron, t. x, *Tract.* xxxv.
[3] Joan. xii. 32.

A l'endroit même où le très-doux Jésus, agneau innocent et sans tache, hostie et prêtre, fut cloué à la croix pour s'offrir à Dieu son Père en holocauste d'agréable odeur, s'élève un autel qu'on appelle *l'autel du crucifiement*. La couronne d'épines, royal diadème, qu'on lui avait ôtée pour enlever ses habits, lui fut remise alors sur la tête, pour qu'il parût à la face du soleil, dans tout l'éclat de sa souveraineté et comme un beau lis au milieu des épines. On plaça ensuite, au-dessus de sa tête, le titre de la croix. En vain les Juifs sont-ils offusqués de ce grand titre de *Roi des Juifs;* Pilate tient bon! Le titre reste, écrit dans les trois langues sacrées. Ce même titre est aujourd'hui à Rome, dans l'église de Sainte-Croix de Jérusalem. Nous l'avons eu entre les mains; nous l'avons lu dans les trois langues, et nous aurions voulu avoir autant de langues qu'il y a d'étoiles au firmament pour proclamer que Jésus est véritablement roi, comme il l'a affirmé à Pilate : roi du ciel, roi de la terre, roi des enfers, roi de nos cœurs, roi de nos intelligences, roi de nos âmes, roi de nos corps, roi de la création tout entière, visible et invisible. A la chapelle du crucifiement est la onzième station.

Il n'y a peut-être pas la longueur de la croix entre le lieu où Jésus fut attaché à la croix et le lieu où fut dressée cette même croix. Là, on voit le trou où elle fut plantée : on peut y plonger le bras jusqu'à la hauteur du coude. Non loin de là se voient les trous des croix des deux larrons qui furent crucifiés avec lui. D'après cette disposition, les croix devaient être placées les unes vis à vis les autres, en forme de triangle, celle de Jésus-Christ par derrière. Saint Jérôme, dans ses lettres à Paulin, parle de ce lieu sacré et des incroyables efforts que fit l'enfer pour en arracher le souvenir du cœur de tous les hommes. L'empereur Adrien alla jusqu'à placer en cet endroit une statue de Jupiter, afin que les chrétiens parussent présenter leurs hommages à cette fausse divinité en les présentant à Jésus-Christ. Mais Dieu suscita Constantin et sa sainte mère pour confondre le paganisme. La statue de Jupiter fut brisée, le Calvaire purifié, et la croix retrouvée.

Saint Jean Chrysostome et d'autres Pères se demandent pourquoi Jésus-Christ a été crucifié hors de Jérusalem et non dans le temple. « De crainte, dit-il, qu'on ne s'imaginât que Jésus-Christ ne s'était offert que pour son peuple, c'est-à-dire pour les Juifs, il a été crucifié en dehors de Jérusalem et de ses portes. C'était assez nous montrer que toutes les nations devaient recueillir le fruit de son sacrifice[1]. » Saint Hilaire[2], saint Augustin[3] ajoutent que c'est pour purifier la nature de l'air que Notre-Seigneur n'a été immolé ni sur un autel ni sous un toit. L'air a été purifié, puisque la divine Brebis était suspendue entre le ciel et la terre ; la terre a été purifiée, puisque son sang coulait sur elle goutte à goutte.

D'après la disposition des croix, il est évident que Notre-Seigneur, sur la sienne, tournait le dos à la cité déicide et regardait l'occident. « Lorsque le Sei-

---

[1] Homil., *De cruce et latrone.*   [2] Matth.   [3] Serm. CXXX.

gneur était suspendu à la croix, dit saint Jean Damascène, il regardait l'occident[1]. » « Le Christ, attaché à la croix, dit saint Germain de Constantinople, était tourné vers l'occident, mais l'une de ses vénérables mains était tendue au midi, et l'autre au septentrion[2]. Aussitôt que le Soleil de justice a détourné d'eux sa face, les Juifs sont restés dans les ténèbres, et, comme des aveugles, ils trébuchent en plein midi; mais, depuis lors, une grande lumière s'est levée sur la France, l'Italie et les autres contrées de l'Europe qui, auparavant, étaient assises dans les ténèbres et à l'ombre de la mort. Rome, en particulier, a été enrichie des grâces les plus splendides, depuis que le vicaire de Jésus-Christ sur le terre est allé planter sa tente dans son enceinte. » « La maîtresse de l'erreur, dit saint Léon, est alors devenue la disciple la plus fidèle de la vérité[3]. »

C'est à la mort de Jésus qu'arrivèrent les miracles dont parle l'Evangile : « Cependant Jésus, criant d'une voix forte, rendit l'esprit. Et voilà que le voile du temple se déchire en deux depuis le haut jusqu'au bas ; la terre tremble, les pierres se fendent, les sépulcres s'ouvrent, et beaucoup de corps des saints qui s'étaient endormis se lèvent et sortent de leurs tombeaux. Après sa résurrection, ils viennent dans la cité sainte et apparaissent à beaucoup de personnes. Le centurion et ceux qui étaient avec lui pour garder Jésus, voyant le tremblement de terre et tout ce qui

---

[1] Lib. IV, *Fid orthod.*, cap. XIII.   [2] *Hist. rerum ecct.*
[3] Sermon I, *in Nat. Pet. et Pauli.*

se passait, sont saisis d'une extrême frayeur et disent:
Vraiment celui-ci était le Fils de Dieu [1]. »

Toute la ville de Jérusalem a été témoin de la
mort de Jésus-Christ et des miracles qui l'ont accompagnée, attestant hautement que celui qui mourait sur
la croix n'était pas seulement un pur homme, mais
le vrai Dieu, l'Homme-Dieu. A-t-il existé une seule
réclamation contre ces miracles? Nous n'en connaissons
pas. Bien au contraire, ils comptent en leur faveur
des témoignages non équivoques. Un païen, Phlégon,
affranchi d'Adrien, dit que la quatrième année de la
deuxième olympiade, année de la mort de Jésus, il y
eut la plus grande éclipse de soleil que l'on ait encore
vue, puisqu'on voyait les étoiles au milieu du jour. Il
dit aussi que ces ténèbres furent accompagnées d'un
fort tremblement de terre [2]. Denys l'Aréopagite, étant
en Egypte, a aussi vu cette éclipse au temps de la
passion de notre Sauveur; et comme, d'après les règles
de l'astronomie, il ne devait pas y en avoir alors, Apol-
lophane, qui étudiait avec lui, s'écriait : « Ce sont
là, mon cher Denys, des changements surnaturels et
divins [3]. »

Aussi voyons-nous Tertullien renvoyer les païens de
son temps aux archives publiques pour y trouver la
nuit arrivée en plein midi au temps de la passion :
« *Et tamen eum mundi casum relatum in arcanis
vestris habetis* [4].

Mais le plus grand témoignage des miracles arrivés

---

[1] Matth. xxvii, 50, 51, 52, 53, 54.   [2] *Hyer. in Chron.*

[3] *African. apud Syncel.*, p. 322.   [4] *Apologeg.* cap. xxi.

à la mort de Jésus, c'est le roc du Golgotha lui-même.
En effet, à gauche de la croix du Sauveur est une
fente large, profonde, extraordinaire, et qui ne permet pas le doute sur cette phrase de l'Evangile : *Et
petræ scissæ sunt*. On la retrouve encore dans la chapelle inférieure où était le tombeau de Godefroy de
Bouillon et de Bauduin son frère, de sorte qu'une lumière placée la nuit dans la chapelle du Calvaire
suffit pour éclairer la chapelle inférieure. Ce n'est
pas sans une espèce de stupéfaction religieuse que
nous avons longtemps contemplé cette fente ; nos yeux
et notre cœur ne pouvaient s'en détacher. Car plus
on la considère, plus il est impossible d'admettre
qu'elle soit purement naturelle. Cette observation frappe
quiconque la regarde sans préjugés et sans passions.
Méditons le témoignage que la force de la vérité a
arraché à un illustre écrivain protestant : « J'ai fait,
dit un naturaliste distingué, une longue étude de la
physique et des mathématiques, et je suis assuré que
les ruptures du rocher n'ont jamais été produites
par un tremblement de terre ordinaire et naturel.
Un ébranlement pareil eût, à la vérité, séparé les di-
vers lits dont la masse est composée ; mais c'eût été
en suivant les veines qui les distinguent et en rompent
leurs liaisons par les parties les plus faibles. J'ai observé qu'il en est ainsi dans les rochers que les trem-
blements de terre ont soulevés : et la raison ne nous
apprend rien qui n'y soit conforme. Ici, c'est tout
autre chose : le roc est partagé transversalement, la
rupture croise les veines d'une façon étrange et sur-

naturelle. Je vois donc clairement et démonstrative-
ment que c'est le pur effet d'un miracle que ni l'art
ni la nature ne pourraient produire. C'est pourquoi
ajoute-t-il, je rends grâces à Dieu de m'avoir conduit ici pour contempler ce monument de son merveilleux pouvoir, monument qui met dans un si grand
jour la divinité de Jésus-Christ [1]. »

Aussi était-ce avec une grande confiance qu'au quatrième siècle saint Cyrille, évêque de Jérusalem, con-
fondait les ennemis du nom chrétien en leur montrant
du doigt la fente de ce rocher. « Si je voulais nier,
dit-il, que Jésus eût été crucifié, cette montagne de
Golgotha, sur laquelle nous sommes assemblés, me
l'apprendrait [2]. » Ce saint docteur dit ailleurs : « Jésus,
en sa qualité d'homme, fut placé dans un monument
de pierre, mais les rochers effrayés se fendirent [3]. »

L'endroit où fut placée la croix, c'est la douzième
station.

« Lorsque le soir de ce jour fut arrivé, il vint
un homme riche nommé Joseph. C'était une noble décurion de la ville d'Arimathie en Judée. Il attendait
l'avènement du Messie, et n'avait pris aucune part aux
conseils et aux actes de ses compatriotes. Il se présenta courageusement à Pilate, et, comme il était disciple de Jésus, mais en secret, à cause de la crainte
des Juifs, il demanda le corps de Jésus pour l'enlever.
Etonné que Jésus fût déjà mort, Pilate s'informa du
centurion préposé à sa garde si le fait était vrai. Sur

---

[1] Addison, *De la Religion chrétienne*, t. II.
[2] *Catéch. comm.* XIII.   [3] Ibid., cap. IX et X.

la réponse affirmative du centurion, il accorda le corps
à Joseph. Après avoir acheté un linceul, Joseph déta-
cha le corps de la croix et l'enveloppa dans ce linceul;
un autre disciple se joignit à lui : c'était Nicodème,
qui avait eu une conférence nocturne avec Jésus. Il
apportait environ cent livres d'un mélange de myrrhe
et d'aloès. Ils reçurent le corps de Jésus, l'enveloppèrent dans des bandelettes de toile avec des parfums, comme les Juifs ont coutume d'ensevelir[1]. »

Une pieuse tradition rapporte qu'aussitôt qu'il fut
descendu de la croix, le corps de Jésus fut déposé
sur les genoux de sa mère. Aussi, entre l'autel du
crucifiement et l'autel de la plantation de la croix,
sur le Calvaire même, est un troisième autel où l'on
prétend que se tenait la sainte Vierge lorsqu'elle reçut
ce précieux dépôt. C'est bien alors que la sainte Vierge
pouvait adresser ces paroles à saint Jean et aux saintes
femmes qui l'accompagnaient : » O vous tous qui pas-
sez par le chemin, considérez et voyez s'il est une
douleur semblable à la mienne[1]; » et que ceux-ci pouvaient lui répondre : « Votre douleur, ô Marie, est
grande et profonde comme la mer! Qui la soula-
gera[2]? »

Depuis lors, cette tradition s'est répandue dans
l'univers catholique tout entier. Les peintres et les
sculpteurs y ont consacré leurs pinceaux et leurs ci-
seaux : de sorte qu'il y a peu d'églises où l'on ne
rencontre aujourd'hui ces peintures et ces sculptures

[1] *Concord. Evangeliorum.*   [2] *Thren.*, 1, 12.
[3] Ibid., II, 13.

sous le nom de Notre-Dame-de-Pitié ou Notre-Dame-des-Sept-Douleurs.

La pierre sur laquelle Joseph d'Arimathie et Nicodème ont embaumé le corps de Jésus a toujours été l'objet d'une religieuse vénération; on l'appelle *la pierre de l'onction.* C'est le premier objet qui frappe les yeux en entrant dans le saint Sépulcre. Les pélerins ont coutume de s'y agenouiller, d'y prier quelque temps et de la baiser. La pierre qu'on baise est une grande table de marbre, de couleur cendrée. Elle recouvre la vraie pierre, devenue sacrée par l'attouchement du corps de Jésus-Christ. Autrement cette dernière pierre n'aurait pas été à l'abri du zèle indiscret des pèlerins. Aux deux extrémités sont deux énormes candélabres. Au dessus d'elles sont suspendues huit belles lampes qui brûlent jour et nuit.

La déposition du corps de Jésus de la croix : treizième station.

Enfin, la quatorzième et dernière station est au tombeau même de Jésus.

Au lieu où il fut crucifié il y avait un jardin, et dans ce jardin un sépulcre où personne encore n'avait été mis. Là donc, à cause de la préparation du sabbat des Juifs, et parce que le sépulcre était proche, ils déposèrent le corps de Jésus[1]. Saint Matthieu dit ailleurs : « Il le mit dans un sépulcre neuf qu'il avait fait tailler dans le roc: *Posuit illud in monumento suo novo, quod exciderat in petra*[2]. » Un autre évangéliste ajoute une circonstance qui n'est pas in-

---

[1] Joan., xx, 41, 42.   [2] Matth., xxvii, 60.

différente : « *Et posuit eum in monumento exciso, in quod nondum quisquam positus fuerat*[1]. »

Nous ne saurions trop admirer l'attention délicate de Dieu le Père dans les soins qu'il prend de la sépulture de son divin Fils. C'est lui qui avait inspiré à Joseph d'Arimathie le soin de se faire creuser dans le roc vif un tombeau qui n'avait encore servi à personne. Si le sépulcre, comme le remarque saint Jean Chrysostôme, avait été composé de pierres taillées, on eût pu accuser ses disciples d'avoir enlevé les pierres du fondement et d'avoir enlevé le corps. De même, jusqu'où ne va pas la passion? Si un autre corps y avait été déjà enseveli, on eût pu dire que c'était lui qui était ressuscité, et non le corps de Jésus-Christ. Ces deux objections tombent à la seule inspection du tombeau de Jésus. Le saint Sépulcre est donc taillé dans le roc vif. Nous y remarquons comme trois parties différentes : la première, qui sert de vestibule, et qu'on appelle *Chapelle de l'Ange*, parce que c'est là que l'ange apparut aux saintes femmes qui venaient pour embaumer le corps de Jésus ; une petite porte fort basse conduit à l'autre pièce, de sorte qu'en la voyant, on conçoit très-bien que saint Jean ait été obligé ds s'incliner profondément pour regarder dans le sépulcre : « *Et cum se inclinasset vidit linteamina posita, non tamen introivit*[2] ; » et dans ce second compartiment, une excavation creusée dans le côté nord, dans laquelle se trouve une table ou banc de six pieds de long sur près de trois de

[1] Luc., XXIII, 63.　　　　[2] Joan., XX, 5.

large. C'est sur cette table que fut posé le corps de Jésus-Christ. Toujours, à cause de l'indiscrète piété des pèlerins, on a été obligé de couvrir cette table de marbre blanc, sur lequel nous avons eu l'honneur d'offrir l'adorable Sacrifice.

Nous n'avons pu compter, tant elles sont nombreuses, les lampes d'argent qui brûlent jour et nuit, soit dans la petite chambre du saint Sépulcre, soit dans la chapelle de l'Ange, soit à la porte, soit autour du sépulcre lui-même, qui aujourd'hui est tout revêtu de marbre à l'intérieur comme à l'extérieur ! On ne voit le roc vif qu'entre la porte qui conduit de la chapelle de l'ange au saint Sépulcre lui-même.

Tel est le sépulcre que les Juifs obtinrent de Pilate la permission de murer, de fortifier comme une ville prise d'assaut, *munierunt sepulchrum;* qu'ils signèrent dans plusieurs endroits du double sceau de Caïphe et de Pilate, *signantes lapidem*, et autour duquel ils laissèrent comme une petite garnison, *cum custodibus!* Mais à quoi aboutirent toutes ces précautions ? Nous le dirons bientôt, en chantant les gloires du saint Sépulcre, comme nous avons raconté les douleurs du Calvaire

Puisse ce parfum du saint Sépulcre vous inspirer une dévotion de plus en plus vive pour le pieux exercice du chemin de la croix. Unissez-vous, en le faisant, à la très-sainte Vierge, aux saints apôtres, aux premiers fidèles de Jérusalem, et à ces milliers de milliers de pèlerins, qui, depuis dix-neuf siècles, se rendent à Jérusalem pour suivre Jésus-Christ du palais de Pilate au Calvaire. Vous retirerez toujours de ce pieux exercice les plus grands avantages pour le salut de vos âmes; car nous ne connaissons rien de plus propre à remuer et à bouleverser le cœur du pécheur, à affermir les justes dans le sentier de la persévérance, à élever les cœurs de terre et le plus près possible du ciel.

CHAPITRE II

Du tombeau de Jésus-Christ et du saint Sépulcre. — De la résurrection.

Plus de huit siècles à l'avance, le plus illustre des prophètes dépeignait en ces termes la gloire du saint Sépulcre : « En ce temps-là, l'illustre rejeton de Jessé sera exposé devant tous les peuples comme un étendard et un signe de salut ; les nations le rechercheront et viendront lui offrir leurs prières, et, malgré tous les efforts de ses ennemis, son sépulcre sera glorieux : *Et erit sepulcrum ejus gloriosum*[1]. » Jamais prophétie ne s'est plus littéralement accomplie. Pour nous en convaincre, examinons successivement la pompe vraiment royale avec laquelle le corps de Jésus a été déposé dans ce tombeau ; le splendide mystère qui s'est opéré dans son sein ; l'étonnante révolution qu'il a opérée dans le monde ; sa conservation

[1] Isa., XI, 10.

vraiment miraculeuse, et le culte religieux dont il a été l'objet dans tous les âges.

Que se passe-t-il à la mort d'un souverain qui a bien mérité de son peuple et laisse un nom honorable et honoré dans l'histoire? Sa famille, sa capitale, le royaume entier prennent le deuil et donnent des marques publiques de leur douleur. Comme pour s'y associer, les murs mêmes du palais qu'il habitait se revêtent de tentures funèbres. On se rassemble ensuite en grand nombre pour assister à ses funérailles. Son éloge est sur toutes les lèvres.

C'est aussi ce qui est arrivé à la mort de Jésus. L'univers entier est son palais. Pendant son agonie, en perdant la lumière qui l'éclairait, ce palais semble s'être revêtu d'un manteau de deuil : *Erat autem fere hora sexta, et tenebræ factæ sunt super universam terram usque in horam nonam, et obscuratus est sol.* Profondément émus d'une pareille mort, le temple déchire le grand voile qui dérobait le sanctuaire aux yeux de tous; la terre tremble sur ses bases et chancelle comme un homme ivre; les rochers se fendent[1]; le centurion et ceux qui gardaient Jésus avec lui éclatent en sanglots et descendent les pentes du Calvaire en se frappant la poitrine et en se disant les uns aux autres : Celui-là était vraiment le Fils de Dieu : *Vere Filius Dei erat iste*[2].

D'autre part, ses amis, ses disciples, ses apôtres, les membres de sa famille, et les femmes qui l'avaient suivi de Galilée, ne le perdaient pas de vue et con-

---

[1] Matth., xxvii, 51.   [2] Matth., xxvii, 54, et Luc., xxiii, 58.

sidéraient attentivement tout ce qui se passait[1]. Saint Matthieu dit que ces femmes étaient en grand nombre : *Mulieres multæ*, et que parmi elles se trouvaient Marie-Magdeleine, Marie mère de Jacques et de Joseph, épouse de Cléophas, et la mère des enfants de Zébédée, appelée encore Marie Salomé [2]. Nous avons déjà, à l'occasion des deux dernières stations du *Via Crucis*, parlé du tombeau et du sépulcre de Jésus ; nous devons à ces deux monuments augustes et sacrés des détails plus circonstanciés.

Parmi les disciples, l'Evangile en nomme deux qui se distinguent par leur zèle à rendre à Jésus les derniers devoirs.

L'un d'eux était un homme riche de la ville d'Arimathie, nommé Joseph, qui était aussi disciple de Jésus[3]. Selon saint Luc, c'était un sénateur distingué par sa probité et ses vertus, et qui, soit par ses conseils, soit par ses actes, n'était jamais entré dans aucun complot contre Jésus, parce qu'il attendait lui-même le royaume de Dieu prêché par lui[4]. Sachant que les corps des suppliciés ne peuvent être détachés de la croix sans la permission de l'autorité, il s'adresse directement au représentant de César et lui demande avec une sainte audace le corps de Jésus : *Et audacter introivit ad Pilatum et petiit corpus Jesu*[5]. Il le réclame comme un objet de très-grand prix. Et, comme il était fort riche, remarque un savant interprète de la sainte Ecriture, il est vraisemblable

---

1 Luc., XXIII, 49.   2 Matth., XXVII, 55, 56.

3 Matth., LVII.   4 Luc., LI, 52.   5 Marc., XV, 43.

qu'il donna beaucoup d'or à Pilate[1]. Un auteur va même jusqu'à prétendre que Joseph avait servi Pilate cinq ans, comme noble décurion, et qu'au lieu de la solde qui lui était due, il demanda à Pilate le corps de Jésus[2]. Pilate se montre bienveillant pour Joseph : il donne des ordres pour qu'on lui remette le corps de Jésus : *Tunc Pilatus jussit reddi corpus*[3]. Voilà donc Joseph muni des pleins pouvoirs du gouverneur romain. Aidé de ses serviteurs et des autres disciples, il descend de la croix le corps précieux.

L'autre disciple qui paraît avec le plus d'éclat, après Joseph, dans cette circonstance, et que l'Evangile appelle aussi par son nom, était de la secte des pharisiens, docteur en Israël[4], et même prince des Juifs, *princeps Judæorum*. Sa sainteté était tellement connue, que le célèbre Gamaliel, son aïeul, disait de lui que *c'était une corbelle d'or, pleine de roses blanches*[5]. Il vint offrir ses services à Joseph d'Arimathie et lui apporter cent livres d'une mixtion de myrrhe et d'aloès pour embaumer le corps de Jésus : *Venit autem Nicodemus, ferens mixturam myrrhæ et aloes quasi libras centum*[6].

Il n'y avait pas de temps à perdre. Car ce jour, le vendredi, était celui qu'on appelait la préparation du sabbat, parce qu'on y préparait tout ce qui était nécessaire pour le jour du sabbat qui allait commencer : *Et dies erat parasceves, et sabbatum illucescebat*[7].

---

[1] Théophilac., in Matth. xxvii.   [2] De sacro Sind., i.

[3] Matth., xxvii, 58.   [4] Joan., iii, 10.   [5] De sacro Sindone, i.

[6] Joan., xix, 30.   [7] Luc., xxiii, 54.

Le corps du divin Maître descendu de la croix et étendu sur *la pierre de l'Onction*, ces illustres personnages l'adorent sans doute profondément, le front contre terre. Puis, s'en approchant avec un respect souverain, ils l'entourent de parfums et d'aromates, l'enveloppent dans des linceuls neufs d'une blancheur éclatante, et le lient avec des bandelettes de fin lin, selon la coutume des Juifs d'ensevelir leurs morts : *Acceperunt ergo corpus Jesu, et ligaverunt illud linteis cum aromatibus, sicut mos est Judœis sepelire* [1].

Il y avait une autre coutume d'ensevelir les morts qu'ils avaient emprunté des Egyptiens, au milieu desquels ils avaient séjourné pendant trois siècles. Mais comme elle demandait de grands préparatifs, et qu'on était à la veille du sabbat, on fut bien forcé de se borner à la coutume ordinaire, qui était beaucoup plus expéditive.

« Un jardin se trouvait près du lieu où Jésus avait été crucifié, et, dans ce jardin un sépulcre tout neuf, où personne n'avait été mis. Comme c'était la veille du sabbat, et que ce sépulcre était tout proche, ils y déposèrent le corps de Jésus [2]. »

Cette description convient admirablement au saint Sépulcre. Il est au pied du Golgotha. De là au lieu où il fut crucifié, il n'y a qu'une cinquantaine de pas. Sans nul doute, le jardin n'existe plus, puisqu'il a fallu niveler le terrain pour construire l'église actuelle sur son emplacement; mais le sépulcre de Joseph d'Arimathie existe encore, tel qu'il avait été

----

[1] Joan., XIX, 40.   [2] Joan., XLI, 42.

creusé pour sa propre sépulture, et c'est ce sépulcre même qu'il a eu l'insigne honneur de céder
à Jésus. Tout autour de Jérusalem, dans le roc,
on voit encore une multitude de caveaux funéraires de
ce genre.

Après avoir embaumé le corps de Jésus et lui avoir
couvert la tête d'un suaire plus petit, comme le remarque saint Jean [1], Joseph d'Arimathie, Nicodème
et leurs aides le prennent sur leurs propres bras,
puis accompagnés de la très-sainte Vierge, de Marie-
Magdeleine, des autres saintes femmes, de saint Jean,
des apôtres, des disciples, ils vont le déposer dans
le sarcophage creusé dans le roc vif.

Le corps du grand Roi couché dans sa tombe
comme dans un lit royal, les saints ensevelisseurs
sortent de la chambre sépulcrale, et Joseph et les
autres hommes qui se trouvaient là roulent une grosse
pierre à l'entrée et se retirent silencieusement : *Et
advolvit saxum magnum ad ostium monumenti,
et abiit* [2].

Dans le sépulcre de Joseph d'Arimathie reposa
donc pendant trois jours le corps de Jésus. Ce divin
corps est toujours resté intimement uni à la divinité,
même dans l'absence de son âme : c'est une vérité de
foi. Les funérailles de Jésus, annoncées par la nature entière et préparées par d'illustres personnages
du pays, le dépôt sacré, confié pendant plusieurs
jours au saint Sépulcre, ne suffiraient-ils pas déja
pour ranger ce monument au nombre des monuments

[1] Joan., xx, 7. [2] Matth., xxvii, 60.

les plus distingués de la terre et pour lui donner,
avec Isaïe, le nom de glorieux : *Et erit sepulcrum
ejus gloriosum?*

Si les funérailles de Jésus et le dépot sacré confié
à son sépulcre suffisent déjà pour rendre glorieux ce
monument, que ne deviendra-t-il pas, après le grand
fait de la résurrection elle-même? Plus les Juifs se
sont opposés à son accomplissement, plus il devient
incontestable. « Le jour suivant, qui était celui d'après
la préparation, les princes des prêtres et les pharisiens
vinrent ensemble trouver Pilate et lui dirent : Seigneur, nous nous sommes souvenus que cet imposteur
a dit lorsqu'il était encore en vie : Je ressusciterai
trois jours après ma mort. Commandez donc que le
sépulcre où est son corps soit gardé jusqu'au troisième
jour, de peur que ses disciples ne viennent le dérober pendant la nuit et ne disent au peuple : Il est
ressuscité d'entre les morts. La dernière erreur serait
pire que la première. — Vous avez des gardes, ré-
plique Pilate, allez, faites-le garder comme vous l'en-
tendez. Ils s'en allèrent donc, et pour s'assurer du
sépulcre, ils scellèrent la pierre qui en fermait l'entrée,
et ils y mirent les gardes [1]. »

Ainsi, de même que Darius signa du sceau de l'empire l'ouverture de la fosse aux lions où il avait jeté
Daniel, de crainte qu'on ne fût tenté de l'en retirer,
de même, pour empêcher les disciples d'enlever le
corps de Jésus, les princes des prêtres et les pharisiens scellent du grand sceau de la nation la pierre

____
[1] Matth., xxvi, 62, 63, 64, 65 et 66.

de son sépulcre, et ils y mettent une garnison, comme dans une ville prise d'assaut : *Munierunt sepulcrum, signantes lapidem, cum custodibus.* Insensés! ils auraient bien mieux fait de placer cette garde aux portes de l'aurore, pour empêcher l'astre du jour de se lever à son heure accoutumée !

« Cette semaine étant passée, continue saint. Matthieu, et le premier jour de la semaine suivante commençait à peine à luire, Marie-Magdeleine et l'autre Marie vinrent pour voir si elles pourraient entrer dans le sépulcre, afin d'embaumer le corps de Jésus. Et, comme elles étaient en peine de savoir qui leur enlèverait la pierre de l'entrée, voilà que tout à coup se fait comme un tremblement de terre ; un ange du Seigneur renverse la pierre qui fermait l'entrée du Sépulcre, et s'assied dessus. Son visage étincelait comme un éclair ; ses vêtements étaient blancs comme la neige. Dès qu'ils le virent, les gardes en furent tellement effrayés qu'ils tombèrent comme morts. Mais l'ange, s'adressant aux femmes, leur dit : Ne craignez pas, je sais que vous cherchez Jésus de Nazareth qui a été crucifié. Il n'est pas ici, il est ressuscité comme il l'avait dit : Venez voir le lieu où il avait été mis. Hâtez-vous ensuite d'aller dire à ses disciples : Il est ressuscité, et il sera avant vous en Galilée : c'est là que vous le verrez, je vous le prédis. Saisies de crainte et transportées de joie, ces femmes sortent aussitôt du Sépulcre, et elles courent porter ces nouvelles à ses disciples [1]. »

[1] Matth., xxviii, 1 à 7.

Averti par elles, « Pierre se hâte de se rendre au Sépulcre ; cet autre disciple que Jésus aimait était avec lui. Ils courent tous deux ensemble ; mais ce disciple devance Pierre et arrive le premier au sépulcre. S'étant baissé, il voit les linceuls, mais il n'entre pas. Simon-Pierre, qui le suit, arrive après lui ; il entre dans le sépulcre et voit aussi les linceuls qui s'y trouvent. Le suaire qu'on lui avait mis sur la tête n'etait pas avec eux, il était plié à part. Alors cet autre disciple qui était arrivé le premier au sépulcre y entre aussi et voit que Jésus ne s'y trouve pas. Il voit et croit [1]. «

Jésus ne tarde pas à convaincre lui-même de la vérité de sa résurrection les apôtres et les saintes femmes. Saint Ambroise, d'accord en cela avec avec la tradition tout entière, nous affirme que Marie a été le premier témoin de la résurrection de son fils. Elle méritait bien cette faveur : *Vidit Maria resurrectionem Domini, et prima vidit et credidit* [2]. L'Evangile et saint Paul parlent de six apparitions différentes arrivées le jour même de la résurrection : 1° à Marie-Magdeleine, sous la forme d'un jardinier [3] ; 2° aux trois Maries [4] ; 3° à Pierre [5] ; 4° à Jacques-le-Mineur [6] ; 5° aux deux disciples d'Emmaüs [7] ; 6° à tous les disciples excepté saint Thomas, rassemblés dans le cénacle [8]. « Jésus s'est montré plusieurs autres fois à ses apôtres, et leur a fait voir par beaucoup de preuves qu'il était ressus-

---

[1] Joan., xx, 1 à 8.   [2] De Virgin., lib. III.   [3] Joan., xx, 11.
[4] Marc., xvi, et Matth., xxviii, 9.   [5] I Cor., xv, 5.
[6] I Cor., 7.   [7] Joan., xxiv, 13 à 32.   [8] Joan., 36 à 48.

cité. Il leur apparut pendant quarante jours consé-
cutifs, et leur parla de ce qu'ils avaient à faire et à
souffrir pour l'établissement du royaume de Dieu et
la formation de son Eglise[1]. » Les Evangiles sont
pleins de détails à ce sujet.

Le grand fait de la résurrection est donc plus lumi-
neux que le soleil dans son midi. Et c'est le tombeau
de Jésus qui a été témoin de cette éclatante transfigu-
ration dont celle du Thabor n'était qu'une faible es-
quisse! Concluons donc qu'il était alors aussi glorieux
que le ciel lui-même. Car, enfin, la gloire du ciel
d'où provient-elle? N'est-ce pas de la présence des
Saints, et surtout de celle de Jésus, roi immortel des
uns et des autres ? Or, les anges ne sont-ils pas des-
cendus, tout resplendissants de lumière, au tombeau de
Jésus, comme autrefois sur l'étable où il était né ? L'un
d'eux n'était-il pas assis sur la pierre du Sépulcre
après l'avoir renversée? D'autres ne gardaient-ils pas
le Sépulcre lui-même? N'ont-ils pas été les premiers
messagers de la grande nouvelle?

Maintenant, n'est-il pas légitimement permis de
croire que Jésus ait voulu associer aux gloires de sa
résurrection, comme il les a plus tard associées au
triomphe de son ascension, les âmes de notre premier
père et de notre première mère, des patriarches et
des justes de l'ancienne loi, que son âme, après s'être
séparée de son corps, était allée visiter dans les
limbes où elles attendaient sa venue « Et saint Matthieu ne nous apprend-il pas que d'autres sépulcres

Act. 1, 3.

s'ouvrirent en même temps que le sien : *Et monumenta aperta sunt, et multa corpora sanctorum qui dormierant, resurrexerunt* [1]. Et si ces autres ressuscités se rendirent dans la cité sainte et furent vus de plusieurs personnes, n'est-il pas présumable qu'au moment même de sa résurrection, ils sont allés offrir leurs hommages et leurs adorations à Celui en vertu duquel ils étaient ressuscités, et lui faire cortége d'honneur ? *Et exeuntes de monumentis post resurrectionem ejus, venerunt in sanctam civitatem et apparuerunt multis* [2].

Nous le demandons, en face de ce bataillon sacré d'anges, de justes de l'ancienne et de la nouvelle alliance, en face surtout du divin Triomphateur de la mort, aux pieds duquel, comme dans la vision de l'Apocalypse, ils déposaient sans doute les couronnes d'or qu'il avait placées sur leur front, en face de toutes ces magnificences, qu'est-ce que le saint Sépulcre pouvait envier au ciel ? *Et erit sepulcrum ejus gloriosum.*

Les ombres contribuent à mettre en relief la lumière; osons donc, un instant, comparer les autres tombeaux à celui de Jésus. Plaçons-nous devant les tombeaux des Pharaons, des Césars, des grands conquérants des temps passés et des temps modernes, qui se sont servis de leurs vaillantes épées, comme du levier d'Archimède, pour soulever le monde. A l'extérieur, sans doute, nous pouvons admirer des marbres de grand prix, des bas-reliefs dus au ciseau des plus habiles sculpteurs, qui racontent de nobles actions, de grandes

[1] Matth. xxvii, 52. [2] Id. 53.

batailles; des statues gigantesques, des obélisques ou des pyramides, dont quelques-unes portent jusqu'au ciel le magnifique témoignage de notre néant!

Mais osons pénétrer dans l'intérieur de ces obélisques, de ces pyramides, soulever le couvercle de ces tombeaux, nous ne verrons, ô horreur! que des ossements arides, des cendres que le plus petit vent dispersera au loin, des fragments de crânes humains, ou des chairs en putréfaction, qui disent à leur manière: J'ai dit à la pourriture Vous êtes mon père, et aux vers Vous êtes ma mère et ma sœur[1]. Ce sont là ces sépulcres blanchis, dont parlait Jésus aux scribes et aux pharisiens, qui, au dehors, paraissent beaux aux yeux des hommes, mais qui, au dedans, sont pleins d'ossements de morts et de toute espèce d'infections[2]. Quelquefois même, ces tombeaux sont beaucoup moins que cela : les statues sont mutilées, les bas-reliefs effacés, les inscriptions rongées par le temps; les sépulcres eux-mêmes s'en vont par lambeaux. C'est en vain qu'on cherche le nom de ceux qui y furent déposés. Est-ce sur le trône, dans la magistrature, dans les armes, dans les sciences, dans les spéculations du commerce qu'ils ont passé leur vie? Nul ne saurait le dire. Ruines d'hommes, ruines de tombeaux! voilà tout!

Tel n'est pas le Sépulcre du Seigneur! Nous ne lirons pas dessus : Cy-gist..... Mais bien ces paroles de l'ange : « Vous cherchez ici Jésus de Nazareth qui a été crucifié. Il n'y est pas. Il est ressuscité, comme il

---

[1] Job, xvii, 14.   [2] Matth. xxiii, 27.

l'avait dit. Venez voir le lieu où son corps avait été placé. »

Ouvrons ce tombeau sans crainte. C'est là, en effet, que le corps de Jésus a été placé, après sa mort, privé de mouvement et de vie ! mais c'est là aussi que son âme est venue se réunir à ce corps et lui communiquer les dons dont elle jouissait ! C'est là qu'il est devenu plus resplendissant que le soleil et les astres ! C'est là que les plaies sacrées de son côté, de ses pieds et de ses mains, se sont changées en autant de traits ravissants qui ajoutaient encore à sa beauté ! C'est là qu'il acquit une telle subtilité et une telle activité, qu'il pouvait pénétrer les autres corps sans aucune résistance, comme s'il eût été un pur esprit, et se transporter plus rapidement que les anges d'un lieu dans un autre, comme nous le lisons dans l'Evangile !

C'est ce que dix siècles à l'avance décrivait le prophète-roi, en mettant ces paroles dans la bouche du Messie : « J'ai toujours le Seigneur présent devant moi, et il est à ma droite, afin que je ne sois pas ébranlé. C'est pour cela que mon cœur s'est réjoui, que ma langue a chanté des cantiques de joie, et que mon corps se reposera dans l'espérance d'une prompte résurrection. Car je suis assuré que vous ne laisserez pas mon âme dans les limbes, et que vous ne permettrez pas que mon corps éprouve la corruption du tombeau. Mais, peu après ma mort, vous me ferez rentrer dans le chemin de la vie, en me ressuscitant, et vous me remplirez de la joie que donne la vue de votre visage, en me faisant asseoir à votre droite. — Mes frères, ajoute saint Pierre, qu'il me soit permis de vous dire hardiment que ces paroles ne peuvent s'appliquer au patriarche David. Il est mort, il a été enseveli parmi nous, son sépulcre est à deux pas d'ici, et nous savons qu'il n'est pas ressuscité. Mais comme il était doué du don de prophétie, et qu'il savait fort bien que Dieu lui avait promis avec serment qu'il naîtrait de lui un fils qui serait assis sur son trône et régnerait éternellement, c'est de la résurrection future du Messie qu'il a parlé, en disant par avance que son âme n'est pas restée dans les limbes et que sa chair n'a pas éprouvé la corruption du tombeau[1]. »

Ainsi donc loin, loin du Sépulcre de Jésus, les cendres, les ossements, la corruption ! Les premiers qui l'ont visité, le jour même de sa résurrection, n'y ont vu que les linceuls qui enveloppaient son corps sacré, et le suaire qu'on lui avait mis sur la tête, lequel n'était pas avec les linceuls, mais plié dans un lieu à part[2].

Voulons-nous savoir ce qu'à quinze siècles de là voyait dans le saint tombeau un autre apôtre qui le visitait ? « Ayant soulevé une des tables d'albâtre que sainte Hélène y avait fait placer, afin qu'il fût possible d'y célébrer la sainte messe, nous vîmes à découvert ce lieu ineffable où Notre-Seigneur reposa pendant trois jours. Ce lieu, où l'on distinguait encore, dans tous ses contours, des traces du sang de notre Sauveur, mêlé aux aromates qui servirent à l'embaumer, offrait à nos yeux comme l'image d'un soleil resplendissant.

[1] Act. ii, 25 à 31.   [2] Joan. xx, 6 et 7.

A cette vue, nous poussâmes de pieux gémissements, des larmes de joie s'échappèrent de nos yeux, nos lèvres baisèrent avec amour ces restes vénérés et divins. Tous ceux qui étaient présents, et le nombre en était grand, car il y avait une foule de chrétiens des nations de l'Orient et de l'Occident, ne pouvaient contenir les transports de leur tendresse à la vue de ce divin trésor. Les uns versaient un torrent de larmes, les autres faillirent en perdre la vie, si grand était l'enthousiasme, l'espèce d'extase, de sainte stupeur qui régnait dans toute l'assemblée [1] ! »

Pour nous, moins heureux, nous n'avons pu voir aucune trace du sang divin au saint Sépulcre ; nous n'avons pas senti l'odeur de la myrrhe, de l'aloès et des autres essences aromatiques qu'il renfermait ; mais nous ne pouvions détacher notre œil et notre front de cette pierre sacrée, et il nous a semblé qu'à cause des événements merveilleux dont elle a été le témoin, et surtout à cause de son contact avec le corps glorieux de Jésus, elle exhalait une forte odeur de sa divinité et de son immortalité : *Et erit sepulcrum ejus gloriosum.*

Le Sépulcre de Jésus n'est pas moins célèbre par les conséquences de la résurrection que par la résurrection elle-même.

« En vérité, en vérité, je vous l'assure, si le grain de froment ne meurt après qu'on l'a jeté en terre, il demeure seul : mais quand il est mort, il porte beaucoup de fruit [2]. » Tâchons de bien comprendre ces pa-

[1] Quaresmius, ii, p. 512 et 513.　　[2] Joan. xii, 24.

roles de Notre-Seigneur. Peut-être alors parlait-il devant un champ de blé ; et, comme il tirait toutes ses com-paraisons des objets qu'il avait sous les yeux, il voulut par ces paroles, selon l'interprétation de nos saints docteurs, montrer la nécessité où il était de souffrir et de mourir avant d'entrer dans sa gloire : *Nonne oportuit Christum pati et ita intrare in glorium suam*[2] ? Si ce grain n'est d'abord jeté en terre, dit-il, s'il ne se dépouille de son écorce, s'il ne meurt, aucun germe ne sort de lui. Il est frappé de stérilité. Il demeure seul. Mais quand il est mort, c'est alors qu'il engendre une riche moisson. Au premier abord, cette locution paraît impropre. Ce qui ne vit pas ne peut pas mourir : or le grain manque de vie, donc il ne saurait la perdre. Mais il est un autre grain de froment sur lequel Jésus cherche à fixer l'attention de ses apôtres. Ce grain de froment, c'est le froment des élus, c'est lui-même ; le grain de froment est bien vivant, puisque c'est lui qui est destiné à donner au monde une vie abondante et surabondante[3]. Or, dans les décrets éternels, ce grain de froment ne devait pas échapper à la loi générale : il devait mourir, c'est-à-dire que son corps, séparé momentanément de son âme, devait être jeté dans la terre de son sépulcre et y rester pendant trois jours, pour en sortir ensuite glorieux, et produire, à la face du monde étonné, les nombreux et admirables fruits attachés à la rédemption du genre humain tout entier : *Nisi granum frumenti, cadens in terram, mortuum fuerit, ipsum solum manet :*

---

[1] Joan. X, 10.   [2] Luc. xxiv, 26.

si autem mortuum fuerit, multum fructum affert.

La résurrection spirituelle, par le moyen de laquelle le monde a passé, soit des ombres de la loi judaïque, soit des ténèbres de la gentilité, à l'admirable lumière de la loi évangélique, tel est le premier fruit de la résurrection de Jésus-Christ. Pour s'en assurer, il suffit de jeter un coup d'œil sur les *Actes des apôtres* et leurs épîtres. Sur quoi roulent les premières prédications? Presque toutes sur le grand mystère de la résurrection. « O Israélites, s'écrie le chef des apôtres après la descente du Saint-Esprit, vous savez que Jésus de Nazareth a été un homme que Dieu a rendu célèbre parmi vous par les merveilles, les prodiges et les miracles qu'il a faits par lui au milieu de vous. Cependant, vous l'avez arrêté, ce Jésus, vous l'avez crucifié et fait mourir par la main des méchants. Mais Dieu l'a ressuscité, en brisant en sa faveur les liens de la mort et du tombeau, où il était impossible, à cause de sa divinité, qu'il fût retenu. Oui, ce Jésus, Dieu l'a ressuscité, et nous avons été tous témoins de sa résurrection : *Hunc Jesum resuscitavit Deus, cujus nos testes sumus*[1]. » Aussitôt qu'ils ont entendu ce grand mot de résurrection retentir à leurs oreilles, Frères, s'écrient-ils, que faut-il que nous fassions pour être sauvés[2]?

Quelques jours après, Pierre guérit un boiteux à la porte du temple. Tous sont remplis d'admiration et d'étonnement à la vue de ce miracle. « O Israélites, pourquoi vous étonnez-vous de ceci, s'écrie encore

____
[1] Act. ii, 22 et s.   [2] Id. 37.

saint Pierre, et pourquoi nous regardez-vous avec admiration, comme si c'était par notre puissance et notre sainteté que nous eussions fait marcher ce boiteux ? C'est le Dieu d'Abraham, d'Isaac et de Jacob, le Dieu de nos pères, qui a glorifié dans cette occasion son Fils Jésus, que vous avez livré et renoncé devant Pilate qui avait jugé qu'il devait être renvoyé absous comme innocent. Et vous, vous avez fait mourir l'Auteur de la vie. Mais Dieu l'a ressuscité d'entre les morts, et nous sommes témoins de sa résurrection. Or, c'est la foi dans ce divin ressuscité, qui a affermi les pieds de cet homme que vous voyez et que vous connaissez; c'est sa puissance qui a fait devant vous tout le miracle d'une si parfaite guérison. Faites donc pénitence, et convertissez-vous à lui, afin que vos péchés soient effacés[1]. »

Au premier coup de filet, cet ancien pêcheur de poissons avait pris trois mille personnes; au second coup, cinq mille. La première Eglise chrétienne était formée.

Le lendemain, les sénateurs, les magistrats, les docteurs de la loi, Anne le grand-prêtre, Caïphe, Jean, Alexandre, tout ce que Jérusalem comptait de plus accrédité, font venir les apôtres devant eux, et leur demandent au nom de qui ils parlent et ils agissent : « Nous vous déclarons, répondent-ils, à vous et à tout le peuple d'Israël, que c'est au nom de Jésus de Nazareth que vous avez crucifié et que Dieu a ressuscité d'entre les morts, que cet homme est maintenant

____
[1] Act. III, 12 et s.

guéri comme vous le voyez devant vous. C'est ce Jésus qui est cette pierre choisie dont parlent les prophètes, et qui est devenue le fondement du salut des hommes et la principale pierre de l'angle de notre édifice spirituel [1]. » Aux défenses et aux menaces d'enseigner au nom de Jésus ressuscité, ils se contentent d'opposer cette énergique protestation, seule défense de la faiblesse contre la force, et de la conscience contre la tyrannie : Nous ne pouvons pas ne pas parler des choses que nous avons vues et entendues : *Non possumus* [2]. Plus on cherche à opposer une digue au torrent, plus le torrent devient furieux et se joue des obstacles : *Et virtute magna reddebant apostoli testimonium resurrectionis Jesu Christi* [3]. Et Paul, que prêche-t-il à la savante Athènes? Il leur annonce Jésus et sa résurrection : *Jesum et resurrectionem annuntiabat eis* [4]. Et le grave Aréopage, qu'apprend-il de sa bouche ? « Que Dieu a fixé un jour où il jugera le monde dans toute la rigueur de sa justice; que c'est Jésus qu'il a destiné à en être le grand juge, et qu'il en a donné à tous les hommes une preuve certaine en le ressuscitant d'entre les morts [5]. » Saint Paul revient continuellement sur cette vérité dans ses immortelles épîtres.

Sans nul doute on peut dire que c'est le Christianisme, en général, qui a converti le monde; mais il n'en est pas moins vrai que la résurrection de Jésus est le plus populaire et le plus éclatant de tous les

[1] Act. iv, 5 et s.   [2] Id. 20.   [3] Id. 33.
[4] Id. xvii, 18.   [5] Id. 31.

mystères chrétiens; que c'est lui qui élève, ennoblit, consacre tous les autres, et met dans son plus beau jour la divinité de Jésus et de notre sainte religion. Aussi la résurrection de Jésus confondra éternellement les incrédules et les infidèles de tous les âges : cette race maudite demande un prodige, et il ne lui en sera pas donné d'autre que celui du prophète Jonas, dit Jésus en faisant allusion à sa mort et à sa résurrection glorieuse [1]. Et, en effet, Jésus est ressuscité, il n'y a pas un fait mieux prouvé que celui-là : donc il est Dieu, puisqu'un Dieu seul peut se ressusciter. Jésus est ressuscité : donc sa vie, son Evangile, son enseignement, son Eglise, sont l'Eglise, l'enseignement, l'Evangile, la vie, non d'un sage et d'un prophète, mais d'un Dieu véritable et véritablement incarné sur la terre. Proclamons-le donc sans crainte : c'est au bruit de la résurrection de Jésus que la synagogue et les temples païens se sont écroulés, comme autrefois les murs de Jéricho au son des trompettes des lévites; c'est la résurrection de Jésus qui a planté l'Eglise sur leurs débris communs : c'est la résurrection de Jésus qui a forcé le monde presque entier à s'agenouiller devant la croix ! Heureux les individus, heureux les peuples, qui ont prêté le cœur et l'oreille à cette première résurrection : *Beatus et sanctus qui habet partem in resurrectione prima* [2].

Mais il est une seconde résurrection qui ne découle pas moins de la résurrection de Jésus : c'est celle par laquelle nous passons tous de cette vie mortelle à une

[1] Luc. xi, 29.   [2] Apocal. xx, 6.

vie immortelle ; celle qui est ainsi contenue dans le symbole de nos croyances : je crois la résurrection de la chair. C'est ce dogme fondamental que proclamait anciennement le grand patriarche de l'Idumée quand il disait : Je crois que mon rédempteur est vivant : *Credo quod redemptor meus vivit.* Bien des siècles à l'avance, il reconnaissait donc le mystère de la résurrection du divin Rédempteur. Quelle conclusion en tirera-t-il ? « C'est que moi aussi je ressusciterai au dernier jour, je sortirai de la terre, dans laquelle je suis sur le point d'entrer. Alors je serai revêtu une seconde fois de ma peau, et je verrai mon Dieu dans ma propre chair. Je le verrai moi-même et non pas un autre ; je le contemplerai de mes propres yeux, ce qui me remplira de joie et de félicité. C'est là l'espérance que j'ai et qui reposera toujours dans mon sein [1]. »

L'Apôtre ne raisonne pas autrement dans son Epître aux Corinthiens : « Puisque l'un des principaux articles de notre foi, c'est la résurrection de Jésus d'entre les morts, comment se trouve-t-il encore parmi vous des personnes qui osent dire que les morts ne ressuscitent pas ? Car, si les morts ne ressuscitent pas, Jésus n'est pas ressuscité ; et si Jésus n'est pas ressuscité, notre foi est vaine, et notre prédication un mensonge, puisqu'elles s'appuient sur la résurrection de Jésus. Nous serions même convaincus de faux témoignages à l'égard de Dieu, en disant qu'il a ressuscité Jésus, qu'il n'aurait néanmoins pas ressuscité, si les morts ne ressuscitent pas.... Mais rassurons-nous : Jésus est

[1] Job, xix, 25, 26 et 29.

ressuscité d'entre les morts, il est devenu les prémices
de ceux qui dorment du sommeil de la mort, le gage
et le principe de leur résurrection. Car, de même que
la mort est venue par un homme, et que tous meurent
en Adam ; de même la résurrection est venue par un
autre homme, l'Homme-Dieu, et tous revivront en
Jésus. Chacun a son rang : Jésus-Christ le premier,
comme les prémices de tous ; puis ceux qui sont à lui,
qui ont cru à son avénement et l'ont attendu avec
impatience. Et alors viendront la fin et la consommation de toutes choses [1]. » D'après saint Paul, il est de
toute évidence que la résurrection de Jésus et la nôtre
sont si intimement liées qu'elles sont inséparables. Les
prémices des fruits supposent d'autres fruits. Les prémices de la résurrection supposent d'autres résurrections. Or, les prémices des ressuscités, c'est Jésus :
primitiæ Christus : donc, nous ressusciterons un jour
aussi réellement qu'il est ressuscité lui-même : *deinde
qui sunt Christi, qui in adventu ejus credide-
runt.*

Si une terre est estimée par la fertilité de son
sol, pour l'abondance et la bonté des fruits qu'elle
produit, en quelle haute estime et quelle profonde vénération ne devons-nous pas tenir la terre du tombeau
de Jésus, qui produit deux fruits aussi excellents que
ceux de la résurrection morale et de la résurrection
physique de tous les hommes. Le mont sacré du Calvaire est appelé par un prophète, *une région de
mort,* parce que Jésus y a subi la peine de mort à

[1] I. Cor. xv.

laquelle il avait été condamné. Le jardin du saint Sépulcre mérite donc d'être appelé, *la région de la vie et la terre des vivants*, parce qu'après y avoir terrassé la mort en lui-même, il a mérité de la terrasser dans tous les autres hommes. « La mort sera le dernier ennemi qu'il détruira, et il la détruira très-certainement, aussi bien que tous ses autres ennemis, car l'Ecriture dit que Dieu lui a tout mis sous les pieds et lui a tout assujetti [1]. »

C'est à la vue de ces brillants résultats de la résurrection du Sauveur qu'un saint docteur s'écriait : « Le sépulcre où Jésus fut déposé est petit et étroit; il est cependant plus auguste et plus vénérable que mille palais des rois et que les rois eux-mêmes [2]. » Aucune autre terre ne l'emporte donc sur ce lieu en opulence, en grâces, en bénédictions de toute espèce : *Et erit sepulcrum ejus gloriosum.*

La conservation du saint Sépulcre nous paraît encore un fait vraiment extraordinaire et qui mérite bien de fixer notre attention.

Le paganisme, d'abord, n'a rien ménagé pour en faire disparaître à jamais jusqu'à la moindre trace. Nos premiers historiens nous apprennent qu'il ne tarda pas à entourer d'une enceinte spéciale les lieux sacrés qui renfermaient le Calvaire et le saint Sépulcre, et qu'après les avoir ensevelis sous un amas immense de matériaux transportés d'ailleurs, par une ruse digne de l'ancien serpent, il éleva un temple à Jupiter sur le saint Sépulcre, et un autre à la déesse

---

[1] I Cor. 26 et 27.　　　　[2] S. Jean-Chrysostôme.

de l'impudicité sur le Calvaire, afin que ceux qui venaient là présenter leurs hommages et leurs adorations à Jésus parussent les offrir bien plutôt à ces fausses divinités. Mais, par un dessein secret de la divine Providence, cette jalouse et astucieuse impiété n'a servi qu'à mieux conserver des souvenirs qui, de leur nature, étaient impérissables. « Depuis Adrien jusqu'à Constantin, dit saint Jérôme, c'est-à-dire l'espace de cent quatre-vingts ans, les païens adorèrent la statue de Jupiter au lieu de la Résurrection, et sur la roche même du Calvaire, une statue de Vénus. Les auteurs de la persécution pensaient enlever aux chrétiens la foi de la rédemption et la résurrection, s'ils parvenaient à souiller ces saints lieux par la présence des idoles [1]. »

Il y avait donc près de deux siècles que le saint Sépulcre gisait sous terre, lorsqu'il plut au Ciel de jeter sur lui un œil propice et de le tirer de son obscurité sacrilége. Pour cela, il envoie au premier empereur chrétien la salutaire inspiration de rendre aux saints lieux l'éclat qui leur était si légitimement dû. Autant donc pour seconder les pieux désirs de son fils que pour répondre aux mouvements de son propre cœur, bien qu'octogénaire, sainte Hélène part pour la Terre-Sainte et y débarque heureusement. Arrivée à Jérusalem, elle donne l'ordre de renverser les temples, d'en disperser au loin les matériaux souillés par d'infâmes sacrifices, d'exécuter et de continuer les fouilles jusqu'à ce qu'on ait retrouvé et le

[1] Epist. ad Paulin.

saint Sépulcre et l'intrument de notre rédemption.
Pendant que les ouvriers travaillaient, cette sainte
impératrice priait avec plus d'ardeur encore le Seigneur Jésus d'exaucer ses vœux. Mais voilà que tout
à coup un cri de joie universelle retentit à ses oreilles.
C'était le vénérable et très-saint monument de la résurrection du Sauveur qui apparaissait de nouveau à
la lumière du soleil. Une multitude de miracles opérés à la vue de tous ceux qui étaient accourus pour
contempler cette merveilleuse découverte, prouvèrent
combien Dieu l'avait pour agréable, et proclamèrent
à haute voix la divinité du Sauveur du monde.

C'est alors qu'averti par sa sainte mère de tout
ce qui se passait à Jérusalem, Constantin écrivit a
Macaire, qui en était évêque, une magnifique lettre
qu'Eusèbe nous a conservée. Cette lettre est trop édi-
fiante pour n'être pas citée : « La grâce que le Seigneur nous a faite est si extraordinaire et si admirable,
qu'il n'y a pas de paroles qui la puissent dignement
exprimer. En effet, qu'y a-t-il de si admirable que
l'ordre de la Providence, par lequel il a caché sous
terre, pendant un si long espace de temps, le monument de sa passion, jusqu'à ce que l'ennemi de
l'impiété eût été convaincu et que ses serviteurs
eussent été mis en liberté? Il me semble que, quand
on assemblerait tout ce qu'il y a de savants et d'o-
rateurs dans le monde, ils ne pourraient jamais rien
dire qui approchât de la grandeur de ce miracle,
parce qu'il est autant au dessus de toute créance
que la sagesse éternelle est au dessus de la raison.

C'est pourquoi je me propose d'engager tous les peuples
à embrasser la religion avec une ardeur égale à l'éclat
des événements merveilleux par lesquels la vérité et
la foi sont confirmées de jour en jour. Je ne doute
pas que, comme le dessein que j'ai est connu de
tout le monde, vous ne soyez très-persuadé que je
n'ai pas de plus ardent désir que d'embellir par de
magnifiques bâtiments ce lieu qui, étant saint, a été
encore sanctifié par les marques de la passion du
Sauveur, et qui a été déchargé, par la volonté de
Dieu et par nos soins, du poids d'une idole dont
il avait été chargé. Je remets à votre prudence de
prendre tous les soins nécessaires pour que les édifices surpassent en grandeur et en beauté ce qu'il y
a de beau et de grand dans le reste du monde. J'ai
donné l'ordre à notre très-cher Dracilien, vicaire des
préfets du prétoire et gouverneur de la province,
d'employer, suivant vos désirs, les plus excellents ouvriers à élever les murailles. Mandez-moi quels marbres
et quelles colonnes vous intentions, afin que je les fasse
conduire. Je serai bien aise de savoir si vous jugez
à propos que l'église doive être lambrissée ou non.
Car si elle doit être lambrissée, on y pourra mettre
de l'or. Faites savoir au plus tôt aux officiers que je
vous ai nommés, le nombre des ouvriers et les sommes
d'argent qui seront nécessaires, et les marbres, les
colonnes et les ornements qui seront les plus beaux et
les plus riches, afin que j'en sois promptement informé.
Je prie Dieu, mon très-cher père, qu'il vous conserve [1]. »

[1] Vita Constantini, lib. III.

Le même historien nous apprend que rien ne fut épargné pour rendre ce temple digne de sa haute destination. On y prodigua les pierres les plus artistement polies, les marbres de toutes couleurs, les bois de cédre, toutes les pierres précieuses, les peintures et les sculptures des grands maîtres, les ornements de bronze, d'argent et même d'or massif, les riches tentures, les ornements précieux, les vases étincelants de diamants pour le culte sacré. On eût dit que toute la magnificence de l'empire avait passé dans ce temple. Au rapport de saint Jérôme [1], il eut pour architecte Eustache, prêtre de Constantinople. Le travail se continuait avec enthousiasme, au chant des cantiques sacrés. Dix années furent employées à la construction des monuments. Le saint évêque qui avait eu l'honneur de le commencer, n'eût pas celui de le terminer. Ce fut Maximin, son successeur, qui y mit la dernière main. On lui donna le titre de *Martyrion*, témoignage, parce qu'il rendait un témoignage éclatant au grand mystère de la résurrection du Sauveur. « Ce temple, disait saint Cyrille dans une de ses catéchèses, ne porte pas le nom d'église comme les autres ; mais il est appelé *témoignage*, selon l'accomplissement des prophéties [2].

Pour la cérémonie de sa consécration, les évêques, rassemblés à Tyr en concile, se rendirent à Jérusalem aux frais de l'empire. Cette solennité eut lieu la trentième année de l'empire de Constantin, le 13 septembre, devant une grande foule de pèlerins ac-

---

[1] In Chronico. anni 30 Constant.   [2] Catéch. xvi.

courus de toutes les extrémités du monde pour y assister. Les fêtes durèrent huit jours entiers. Elles furent rehaussées par plusieurs discours pompeux, dans lesquels on n'omit pas les louanges du prince auquel on devait tant de magnificences.

Le temple du saint Sépulcre, toutefois, devait passer par de cruelles épreuves. Aux coups qu'il reçut du paganisme, en succédèrent de plus terribles encore, portés par l'islamisme, dans toute la fougue et l'enivrement de ses premières victoires contre la chrétienté. Et, en effet, environ trois siècles après sa consécration, il est renversé de fond en comble par Chosroës II, roi de Perse. La vraie Croix est emportée, le patriarche conduit en captivité, des ruisseaux de sang coulent dans Jérusalem. Mais Dieu ne laissa pas cet outrage longtemps impuni. Ce farouche monarque périt de la main de son propre fils; et son heureux vainqueur, l'empereur Héraclius, pieds nus, sans pourpre et sans couronne, rapporte lui-même sur ses propres épaules le bois de la vraie Croix, à Jérusalem, et répare, d'une manière vraiment royale, l'église de Constantin et de sainte Hélène.

Cousin, par son père, de Mahomet, et son second vicaire, le calife Omar reprend Jérusalem sur Héraclius, en 637, et il en fait une cité sainte de l'islamisme. Il pille et démolit les autres églises; mais, chose vraiment remarquable, il professe le plus grand respect pour le temple du saint Sépulcre, et non-seulement il ne veut pas qu'on y touche, mais il désire que le culte chrétien n'y soit pas interrompu. On peut dire, cette fois, que le salut du saint Sépulcre est venu de nos ennemis et de la main de ceux qui nous haïssent [1].

La paix du saint Sépulcre ne fut pas troublée sous les Abassides. L'un d'eux, le fameux Aaroun-el-Reschid, alla même jusqu'à offrir à Charlemagne, en signe d'admiration pour son courage, les clefs du saint Sépulcre et du Calvaire, et un étendard.

Sur les débris des Abassides, s'élevèrent les Fatimites, qui, après avoir commencé à régner dans la Mauritanie, au commencement du x⁰ siècle, s'étendirent en Afrique, en Egypte, en Palestine, en Syrie, et jusqu'aux portes de Bagdad. Le cinquième des Fatimites, Aziz, fils du fondateur du Caire et comme lui bon prince, protégea les chrétiens, auxquels appartenait la plus chère de ses femmes, sœur de deux moines, dont l'un fut patriarche de Jérusalem, et l'autre du Caire. Dans ces circonstances, le sort des chrétiens de Jérusalem fut tolérable; mais le doux Aziz mourut sur la fin du x⁰ siècle, et il eut pour successeur son fils Hachem, le Néron et le Caligula de l'Egypte, lequel, comme Chosroës II, ordonna la destruction totale de l'église du Saint-Sépulcre. Cet ordre de tyrannie et de barbare fanatisme ne fut que trop bien accompli par le gouverneur de Ramleh, qui rasa jusqu'au sol l'étonnant édifice.

Le premier destructeur de l'église du Saint-Sépulcre périt de la main de son fils; le second, de la main

[1] Luc., 1, 71.

de sa sœur : châtiments qui ne sont pas assez remarqués des historiens , mais qui n'en prouvent pas moins que souvent Dieu n'attend pas l'autre vie pour punir les plus grands crimes.

L'église du Saint-Sépulcre resta déshonorée pendant trente-sept ans, jusqu'à ce que les chrétiens, sous le petit-fils d'Achem, eurent obtenu , à prix d'or , la permission de la réédifier. C'est un autre empereur de Bysance, un autre Constantin de nom et de sentiment, qui se chargea des frais de cette nouvelle restauration.

A côté de la grande basilique du Saint-Sépulcre, Constantin avait encore élevé deux autres sanctuaires : l'un supérieur, l'autre souterrain ; le premier sur le Calvaire, le second à l'endroit même où la Croix fut retrouvée par sainte Hélène. Quand les croisés eurent arraché le saint Sépulcre des mains des infidèles , leur piété agrandit la basilique du Saint-Sépulcre, et renferma ces deux temples dans son enceinte. A l'architecture entremêlée d'ogives et de pleins-cintres de la façade qui donne sur la grande place, et de la tour , aujourd'hui découronnée , d'où partait la voix des cloches qui appelaient les fidèles à l'office, il est aisé de reconnaître la main et le génie de la France du XIIe siècle. C'est une source de pieuses et tristes émotions pour le pèlerin franc.

Ce n'était là, pour le saint Sépulcre, qu'une halte dans les tribulations. Heureusement encore , qu'après s'être emparé de nouveau de la ville sainte , moins d'un siècle après l'établissement du royaume chrétien de

Jérusalem , marchant sur les traces du calife Omar, le terrible Saladin inclina respectueusement son épée devant le tombeau du Christ et en confia même la garde aux chrétiens orientaux.

L'histoire raconte qu'après la prise de Damiette par saint Louis, pour se venger de cette humiliation et pour empêcher le monarque français de songer de nouveau à la conquête du saint tombeau , les infidèles prirent la résolution désesperée d'abattre non plus seulement l'église du Saint-Sépulcre , mais la grotte sépulcrale elle-même, et de faire disparaître à jamais du sol de Jérusalem jusqu'aux dernières traces du tombeau du Christ. Ils s'adoucirent, cependant, en pensant qu'autant de fois on avait conçu cet infernal dessein , autant de fois le fer impuissant s'était émoussé contre le roc et menaçait de blesser les ouvriers qui l'employaient. Peut-être aussi craignirent-ils d'irriter davantage par là la colère des princes chrétiens, et de s'attirer de cruelles représailles. Toujours est-il que le projet n'eut pas de suites.

Les éléments eux-mêmes ne se montrèrent pas insensibles aux charmes du saint Sépulcre. Deux fois pendant le xe siècle, le feu fut mis à l'église de la Résurrection ; un patriarche même succomba au milieu des flammes, mais elles n'atteignirent jamais le saint Sépulcre. On sait, pour parler de temps plus rapprochés de nous , quel épouvantable incendie dévora l'église du Saint-Sépulcre dans la nuit du 11 au 12 octobre 1808. Il fut si violent que le plomb qui couvrait le toit, se fondant tout à coup, tomba comme un torrent de feu dans l'intérieur de la basilique, et réduisit en cendres un moine arménien qui transportait de l'argent. Deux heures après, la grande coupole qui recouvre le saint Sépulcre, croule avec un énorme fracas, entraînant dans sa ruine la galerie, les pilastres, les colonnes et même une grande partie du mur d'enceinte. Cette épouvantable fournaise envahit ensuite le chœur des Grecs et n'y laissa rien d'intact. Mais, guidée par la main du Christ, la flamme respectueuse épargna la pierre de l'Onction, la partie du Calvaire où est l'autel du crucifiement, la chapelle voisine de *Notre-Dame-des-Douleurs*, l'église souterraine de l'Invention de la sainte Croix et le Sépulcre. On y retrouva intact un tableau peint sur toile, bien que l'auguste monument fût, pendant plusieurs heures, comme enseveli lui-même dans un linceul de flammes dévorantes. « On sait, dit un de nos savants compatriotes, comment l'incendie dévora toute cette partie du temple occupée par ces audacieux profanateurs, et comment il respecta, à la grande admiration de tous, les autres parties appartenant à nos religieux surpris et consternés : on eût dit d'un jugement du feu, ménagé par le Christ, sur les légitimes gardiens de son tombeau [1]. »

Ici les réflexions se pressent en foule dans notre esprit. Puisque le paganisme voulait anéantir le saint Sépulcre, pourquoi s'est-il contenté de l'enfouir sous une montagne factice, plutôt que de jeter à terre la grotte sépulcrale ? Cependant il n'y a pas même pensé ; et ce qu'il a tenté en haine du Christ et des fidèles,

---

[1] Eugène Boré, *Question des Saints-Lieux.*

Dieu l'a fait tourner à la gloire et à l'honneur du nom chrétien:

Ce que le paganisme n'avait pas essayé, l'islamisme, avec son immense pouvoir, avec sa haine du nom chrétien, plus immense encore, l'a tenté à plusieurs reprises, et toujours ses vains efforts ont échoué. Depuis les croisades, par une disposition de la Providence que nous devons adorer, le Coran est constamment resté maître absolu du saint Sépulcre. Il en a les clefs, il le garde; mais il semble que c'est pour l'empêcher d'être profané et pour nous en faciliter l'accès. Car s'il était entre les mains des Grecs, les Catholïques en approcheraient-ils si aisément ? nos prêtres, nos évêques, pourraient-ils y célébrer les saints mystères ? *Salutem ex inimicis nostris et de manu eorum qui oderunt nos.*

D'où vient donc que depuis dix-neuf siècles, le saint Sépulcre défie les vains simulacres de la gentilité, le cimeterre de l'Osmanlis et les éléments eux-mêmes conjurés contre lui ? d'où vient donc qu'autant de fois la basilique de la Résurrection a été renversée, autant de fois elle a été relevée, et sur les plans primitifs, au point que, sauf la richesse des décorations intérieures, la description de ce temple, telle que nous la lisons dans Eusèbe, convient encore en grande partie à l'édifice qui existe actuellement ? Ah! n'en doutons pas, c'est qu'une protection puissante et invisible veille tant sur le saint Sépulcre que sur le temple qui en est comme l'enveloppe terrestre, et qu'il n'est pas moins précieux aux yeux de Dieu qu'aux yeux des hommes : *Et erit sepulcrum ejus gloriosum.*

Le saint Sépulcre est la première église chrétienne de Jérusalem qui a transmis fidèlement aux autres églises le culte du saint Sépulcre qu'elle avait hérité des apôtres et des saintes femmes de l'Évangile. Au milieu des persécutions sanglantes auxquelles ils étaient exposés, les fidèles s'y rendaient en si grand nombre de l'Orient et de l'Occident, et y puisaient une telle énergie pour confesser le nom de Jésus dans les tourments, qu'en dérobant ce vénérable monument à la lumière du soleil, l'Enfer crut véritablement ensevelir sous le même amas de terre et de pierres le glorieux mystère qui s'était opéré dans son sein.

Sans doute, les malheureuses profanations qui eurent lieu au saint Sépulcre et au Calvaire interrompirent forcément ces pèlerinages; mais une fois l'obstacle levé, les anciens souvenirs se ravivèrent comme une flamme à demi-éteinte, et les routes de Jérusalem qui pleuraient, comme autrefois, de leur solitude, furent plus fréquentées que jamais. Au moment surtout où Rome, qui avait subjugué tous les peuples, était subjuguée à son tour par les barbares et tombait sous leurs coups, le saint Sépulcre devint le refuge des familles les plus distinguées de l'Empire. Elles se consolaient, auprès de lui, de la spoliation de leurs vastes domaines et de la chute de tout un monde.

Dans la chrétienté tout entière, les cœurs se tournaient naturellement vers Jérusalem, comme l'aiguille aimantée vers le pôle nord. Chacun se croyait citoyen de cette cité sainte dont Jésus n'avait voulu prendre possession que par sa croix et par son tombeau. On aimait à répéter avec le prophète : Si je t'oublie, ô Jérusalem , que ma main droite oublie tout ce qu'elle fait. Que ma langue s'attache à mon palais, si je ne me souviens de toi, et si je ne te mets pas à la tête de tous nos cantiques de joie [1] . En conséquence, riches , pauvres , savants, ignorants, princes , sujets, laïques , prêtres, évêques, tous ; au moins une fois dans leur vie, voulaient prendre en main le bourdon de pèlerin et coller amoureusement leurs lèvres sur la pierre du saint Sépulcre. Les caravanes se composaient souvent de plusieurs milliers de pèlerins. Les dangers de la mer , les dangers plus grands encore de la terre, rien ne les rebutait, rien ne les arrêtait. Chaque siècle nous a laissé des relations de ces voyages sacrés.

Plus les relations se rapprochent du xe siècle , plus elles s'assombrissent. Sous Hachem surtout, les pèlerins étaient soumis à des vexations sans nombre, et la position même des chrétiens du pays était devenue intolérable. Rentrés dans leurs foyers, les premiers faisaient de tristes peintures de l'état d'avilissement dans lequel se trouvait le saint Sépulcre. Les maux allaient en s'aggravant. C'est alors qu'un simple moine, Pierre l'Ermite, poussa des rugissements qui retentirent péniblement dans le cœur des papes, des souverains, des peuples, de l'Europe entière. Dieu le veut! Dieu le veut! s'écria-t-on au concile de Clermont, présidé par Urbain II. Que

[1] Os., cxxxvi, 5 ; 6 et 7.

les superbes ennemis du nom chrétien soient humiliés ; puisqu'ils ont bien osé, avec des armées innombrables, venir porter le fer et le feu jusque sur notre propre territoire, allons, allons, nous aussi, les surprendre dans leurs propres foyers. Il en est bien temps. Dieu le veut ! Dieu le veut !

En nommant les croisades, notre unique but est de faire remarquer qu'il s'est trouvé dans le monde un tombeau assez puissant pour soulever à plusieurs reprises, l'Occident contre l'Orient, et devenir, pendant plus de deux siècles, la continuelle préoccupation des vicaires de Jésus-Christ et des plus fiers potentats et guerriers du monde ! On s'est battu en tout temps pour des provinces, des royaumes ; mais quand s'est-on battu jamais pour des tombeaux ? Seul, le tombeau de Jésus a remué et remue encore le monde !

Toutefois, Dieu ne voulut pas que son tombeau fût gardé à la façon d'une citadelle. Après un peu moins d'un siècle d'existence, le royaume franc de Jérusalem fut blessé à mort au combat de Tibériade. Mais au moment où il expirait, saint François naissait. A la vaillante milice qui venait de quitter Jérusalem, en brisant ses épées de douleur, succéda la milice qu'il avait formée. Il ne lui donna pour armes que la douceur, l'humilité, la foi, la patience, l'amour de la pénitence et de la prière. Il débarqua lui-même avec elle à Ptolémaïs, et la fit camper auprès du saint Sépulcre. Le mot d'ordre de saint François a été filialement observé à travers les siècles.

Nous l'avons retrouvée, cette milice non moins vaillante que celle du temple, au poste d'honneur qui lui a été confié par son séraphique père. Du couvent de Saint-Sauveur, qui a succédé à celui du Mont-Sion, elle se disperse à Jaffa, à Beyrouth, pour y recevoir les pèlerins à leur arrivée et à leur départ ; à Nazareth, à Bethléem, à Saint-Jean-du-Désert, au jardin de Gethsémani, pour y veiller, comme sur la prunelle de l'œil, sur les saints Lieux confiés à sa garde ; mais son poste de prédilection, c'est le saint Sépulcre.

Les Franciscains s'y enferment toujours au nombre de douze. Chaque nuit ils se lèvent pour chanter matines : chaque matin, dès l'aube, ils sont sur pieds pour célébrer les saints mystères dans l'intérieur même de la grotte. Quatre fois par jour ils descendent au chœur pour réciter les heures canoniques. Chaque soir, ils se rendent en procession et en chantant des hymnes aux différents sanctuaires renfermés dans l'intérieur du saint Sépulcre. On leur passe leur nourriture par un guichet en fer qui se trouve au milieu de la porte d'entrée. Les cellules étroites et privées d'air qu'ils habitent derrière leur chapelle, ne leur permettant pas un long séjour dans ce lieu vénéré, ils sont renouvelés de trois mois en trois mois. Jamais, depuis six siècles, les privations, les souffrances, les outrages, les persécutions, la mort même n'ont pu ralentir leur zèle. La garde du saint Sépulcre, elle aussi, meurt et ne se rend pas. Elle sait retremper, quand il le faut, son courage dans son propre sang.

C'est ainsi que la dynastie des enfants de saint
François a plus duré que celle des rois francs de
Jérusalem. Aujourd'hui encore elle règne au saint
Sépulcre. Aujourd'hui encore, les Franciscains y sont
comme les représentants, les députés du monde catholique; ils font monter, à chaque instant du jour
et de la nuit, l'encens de leurs prières et de leurs
adorations aux pieds du divin Ressuscité, au lieu
même d'où il est sorti victorieux des bras de la mort,
pour sa gloire et notre justification : *Et resurrexit
propter justificationem nostram* [1].

Chose remarquable et que nous ne pouvons passer
sous silence ! les Grecs, les Arméniens, les Cophtes,
les Abyssins, c'est-à-dire le schisme et l'hérésie, ont
voulu aussi avoir leurs représentants auprès du saint
Sépulcre. Il n'y a pas longtemps encore que les Nes-
toriens de Chaldée et de Syrie, les Géorgiens qui habitent entre la mer Noire et la mer Caspienne, et
les Maronites du Liban, possédaient des sanctuaires
au saint Sépulcre. Mais ils ont été dépossédés par
l'astuce et l'or des Grecs, qui, s'ils le pouvaient, dé-
posséderaient bien encore les autres sectes orientales
et les Latins eux-mêmes.

Cette réunion des différentes nations chrétiennes
au Sépulcre du Sauveur est, snns doute, une cause
de fréquents litiges qui profanent quelquefois, d'une
manière indigne, la majesté du saint lieu : mais elle
ne laisse pas cependant de réveiller dans l'âme du
pèlerin un profond sentiment d'admiration et d'atten-

[1] Rom., v, 25.

drissement. Au milieu de la nuit, en effet, on entend la cloche des Latins, les tables sonores de bois ou de fer sur lesquelles les Grecs frappent à coups de marteaux précipités, les cymbales des Abyssins ou d'autres clochettes à voix stridentes, appeler les différents cultes aux psalmodies et aux chants.

Ici, c'est la poésie de David et des prophètes résonnant dans la langue majestueuse du Latium, qui donna les lois au monde entier. Là se répète les homélies de saint Cyrille, de saint Athanase et de saint Jean-Chrysostôme, dans l'idiome harmonieux d'Homère; plus loin, ce sont les hymnes de l'Eglise primitive, revêtues des accents de saint Grégoire l'Illuminateur, et de ceux des Pharaon et des Ptolémée. Après cet office, chaque nation offre, selon son rite, l'adorable sacrifice de nos autels. N'est-ce pas là comme l'accomplissement du désir de l'Apôtre ? Que toute langue confesse que le Seigneur Jésus est dans la gloire de Dieu son Père [1] ?

Mais c'est surtout dans la semaine sainte que le saint Sépulcre déploie toute la pompe de ses cérémonies, rendues bien plus sublimes et plus touchantes par l'identité des sites sur lesquels se sont passés les événements qu'on rappelle. Nous ne parlons point de l'office des Ténèbres, dans lequel se chantent les lamentations de Jérémie composées dans cette cité, aujourd'hui désolée comme au temps du prophète qui en pleura la ruine; ni du Jeudi saint, où, non loin du cénacle, se fait la mémoire de la dernière cène de

---

[1] Philip., ii, 11.

Jésus avec ses disciples; ni de la matinée du Vendredi saint, où la passion, chantée aux pieds du Calvaire, arrache des larmes de tous les yeux: nous ne voulons que citer la procession du soir.

Jérusalem, en ce jour, est encore plus sombre et plus taciturne que de coutume; mais la place et le temple sont couverts de pèlerins accourus de la Syrie et du Liban, de la Grèce et de l'Arménie, de la Mésopotamie et de la Perse, de l'Egypte et de l'Abyssinie, de l'Amérique et de l'Europe. Les catholiques se rassemblent dans la chapelle des Franciscains, où un Père leur adresse, en langue italienne, un discours sur la passion. Les prêtres revêtus de chapes et de chasubles noires, la procession se met en marche, précédée de deux longues files de religieux, et suivie des consuls avec leur suite, et des chrétiens de tous les pays. Alors commencent les stations accoutumées. Seulement, ce jour-là, à toutes ces stations, on adresse à la nombreuse assistance un petit discours dans presque toutes les langues de l'Europe. Les idiomes de la Seine, du Tibre, du Tage, du Danube, de la Vistule et de la Tamise, l'arabe, le russe, le grec, retentissent sous les voûtes de la basilique, et prouvent que le divin Crucifié règne sur toute la terre.

On monte ensuite au Calvaire, où est dressée une grande croix. Sur cette croix, est cloué un Christ de grandeur naturelle, chef-d'œuvre que la nouvelle Jésalem, Rome, a envoyé à l'antique Jérusalem. Des prêtres montent sur des échelles, enlèvent la couronne d'épines de la tête du Christ, et, après avoir arraché les clous des pieds et des mains, ils le descendent et le transportent sur la pierre *de l'onction*. Là, il est encensé et parfumé d'essences odoriférantes renfermées dans de belles urnes d'argent. Puis, la procession se remet en marche, s'avance sous la rotonde, et, après en avoir fait le tour plusieurs fois, elle le dépose précieusement dans le saint Sépulcre. C'est la fidèle répétition de la grande scène qui se passait dans les mêmes lieux il y a dix-huit siècles et demi! Qu'une sèche et glaciale philosophie raisonne, tant qu'elle voudra, contre ces cérémonies, elles ont de profondes racines dans le cœur humain; et tant qu'il n'y aura pas sur la terre que de pures intelligences, mais bien des hommes composés d'un corps et d'une âme, aussi longtemps ils auront besoin de formules matérielles, de signes sensibles pour exprimer ce qui se passe au fond de leur cœur!

Or, ces témoignages ordinaires et extraordinaires rendus au saint Sépulcre, depuis la mort du Sauveur du monde jusqu'à nos jours, ne prouvent-ils pas une fois de plus combien le prophète avait raison de s'écrier : *Et erit sepulcrum ejus gloriosum?*

Pour aider Israël à supporter les fatigues de sa marche à travers les sables brûlants du désert, Moïse lui parle de la terre qu'il lui avait promise, du miel excellent que les abeilles déposent dans la fente de ses rochers, et de l'huile délicieuse des nombreux oliviers qui croissent jusque sur le flanc des montagnes les plus arides : *Ut sugeret mel de petra et oleum de saxo durissimo.*

Et nous aussi, pour nous aider à supporter les peines, les privations, les épreuves de la vie, attachons-nous à être des chrétiens en esprit et en vérité. Et alors, agenouillés sur le tombeau du Christ, nous trouverons en abondance, dans les fentes du rocher dans lequel il est taillé, le miel et l'huile des consolations religieuses, qui adoucissent les amertumes de la vie, fortifient l'âme contre ses faiblesses et ses défaillances matérielles, et enivrent le cœur des joies anticipées de cette résurrection future, dont celle de Jésus est le gage assuré : *Ut sugeret mel de petra et oleum de saxo durissimo.*

CHAPITRE III

**Des stations qui ont lieu tous les
jours de l'année dans l'église du Saint-Sépulcre
à Jérusalem.**

Tous les jours, après complies, les Franciscains,
en habit de chœur, et tenant une torche à la main,
après avoir salué le saint Sacrement, accompagnés des
pèlerins qui se trouvent à Jérusalem, en chantant des
hymnes, des antiennes, avec leurs versets et oraisons,
se rendent processionnellement aux lieux vénérables
dont nous allons parler, pour y faire monter, avec des
flots d'encens, les vœux et les hommages de l'univers
catholique tout entier.

A l'autel collatéral gauche du maître-autel de la
chapelle des Latins, se trouve, dans une niche du
mur, la colonne de la flagellation. C'est par cet autel
que commencent les stations.

Autrefois, cette colonne fut transportée intégralement

de la maison de Pilate au mont Sion. C'est d'elle que parle saint Jérôme, lorsqu'il dit : « On montra à sainte Paule, sur le mont Sion, une colonne qui soutenait le portique de l'église. Elle était teinte du sang du Sauveur du monde. Jésus y avait été attaché pour être flagellé [1]. » C'est encore de cette colonne que parle le vénérable Bède dans ce passage : « Sur la place du mont Sion, de nombreuses cellules de moines entourent une église qu'on croit avoir été fondée par les apôtres. C'est là que la sainte cène a eu lieu, que les apôtres ont reçu le Saint-Esprit, et que la sainte Vierge est morte. On montre aussi, au milieu de cette église, une colonne de marbre, à laquelle le Seigneur a été attaché et flagellé [2]. »

Cette colonne a ensuite été brisée par les infidèles ; mais les fragments en ont été pieusement recueillis, et ensuite envoyés à Rome à Paul IV, à l'empereur Ferdinand d'Allemagne, à Philippe II, roi d'Espagne, à la république de Venise et à plusieurs autres princes chrétiens. C'est la partie la plus considérable qui est honorée à Jérusalem dans la chapelle des Latins [3].

On chante devant cette colonne l'hymne suivante :

Trophæa crucis mystica Os, lingua, mens, hic personent ;	Que ma bouche et ma langue et mon âme célèbrent ici les mystérieux trophées de la croix ; le cœur

[1] Ep. XXVII.

[2] *De loc. sanct.*, cap. 1.

[3] Nous avons parlé d'une autre colonne envoyée à Honorius III, au XIIIᵉ siècle, et qui se voit dans l'église de Sainte-Praxède, à Rome ; mais on croit que Notre-Seigneur a été attaché à une autre colonne, la nuit de sa passion, dans la maison de Caïphe.

rempli de tristesse, suivons les traces de Jésus-Christ.

Dans sa bonté toute gratuite, il paie de son sang la dette du coupable Adam ; et, prenant sur lui nos douleurs, il est attaché à cette croix et y est battu de verges.

Tout son corps sacré est couvert de plaies et languit sous les coups de fouet mortels imprimés sur sa chair en larges sillons.

Ses membres se détendent ; dans l'excès de sa douleur, sa poitrine semble se dissoudre, comme la cire se fond aux rayons du soleil.

Il se livre à ses bourreaux, pour être cruellement frappé ; c'est ainsi qu'il désarme la colère de son Père, et qu'il ouvre aux siens la porte de la vie. Ainsi soit-il.

Antienne. Pilate se saisit de Jésus et le flagella, et le livra aux Juifs pour être crucifié.

℣. J'ai été flagellé tout le jour.

℟. Et j'ai été châtié dès le matin.

PRIONS.

Jetez un regard, ô Seigneur, nous vous en prions, sur votre Eglise, que vous avez rachetée de votre précieux sang, afin qu'à l'aide de ce secours puissant elle obtienne les récompenses éternelles. Ainsi soit-il.

℣ Christique sic vestigia
Cor nunc sequatur flebile.
Qui gratis Adæ debitum

Laxat rigore sanguinis
Nostros dolores sustinens
Ad hanc columnam cæditur.

Ut nulla plagis saucii
Pars corporis sanctissimi
Non langueat lethalibus
Sulcis flagrorum grandibus

Compago laxat artuum
Nexus ; dolore nimio
Et pectus intra liquitur,
Ut sole cera solvitur.

Se dat percutientibus
Ut flagelletur acriter ;
Sic Patris iram liniens
Dat suis vitæ aditum. Amen.

Antiphona. Apprehendit Pilatus Jesum et flagellavit, ac tradidit eis ut crucifigeretur.

℣. Fui flagellatus tota die.

℟. Et castigatio mea in matutinis.

OREMUS.

Respice, quæsumus, Domine, super Ecclesiam tuam, quam pretioso sanguine redemisti, ut eo semper ditata, præmia consequatur æterna.
Amen.

La procession s'avance ensuite vers la chapelle *de la prison de Notre-Seigneur*, en passant *par les arceaux de la sainte Vierge*. Elle s'arrête à cette chapelle, parce que c'est la première qu'elle rencontre sur sa route.

D'après une antique tradition, on croit qu'aux pieds du Calvaire était une espèce de grotte où l'on renfermait les condamnés à mort pendant qu'on travaillait aux apprêts de leur supplice. Et, en effet, le roc du Calvaire est en pierre dure : il fallait creuser le trou, y planter la croix, l'assujettir pour que le poids du corps ne la fît pencher ni d'un côté ni de l'autre : cela demandait du temps. Celui qui voulut goûter les horreurs de la mort, selon l'expression de nos saintes Ecritures, comme d'autres savourent les honneurs et les plaisirs de la terre, ne se refusa à aucune humiliation. Il fut renfermé dans cette grotte comme les autres. C'est elle qui est aujourd'hui transformée en chapelle et qu'on appelle *la prison du Christ*.

Voici l'hymne qu'on chante en s'y rendant :

Jam crucem propter hominem	Déjà, pour sauver l'homme, le
Suscipere dignatus est,	Christ a daigné se charger du far-
Deditque suum sanguinem	deau de la croix; il a donné son
Nostræ salutis pretium.	sang pour prix de notre salut.
Cœli solique Dominus,	Le Maître du ciel et de la terre
Prostratus antro clauditur,	est renfermé dans un antre obscur,
Et nexibus multimodis	il gît étendu sous le poids des nœuds
Circumdatus occulitur.	et des chaînes.
Ut arte artem falleret,	Il déjoue la ruse par sa sagesse;
Lignum in ligno superat,	par le bois, il triomphe du bois;
Et morte mortem destruens	par sa mort, il détruit la mort; par

ses chaînes, il délivre les captifs de leurs chaînes.

Celui qui, par le sang de son testament, allait délivrer des limbes les âmes des patriarches et les rendre à la lumière, est emprisonné ici comme un vil esclave.

Lumière du monde, flambeau des nations, il est donné comme gage de l'alliance faite avec son peuple; et pour délivrer des cachots les prisonniers, hélas! il y est jeté le premier.

Samson courageux, il est enchaîné par des mains cruelles; mais, en se faisant écraser par sa colonne, il remporte sur la mort un triomphe glorieux.

En consacrant ici les chaînes, il donne l'exemple aux martyrs, et les martyrs embrassent avec bonheur cette croix qui leur mérite la gloire.

Jésus, nom de doux souvenir, par les liens qui chargent votre corps sacré, remettez au pécheur ses crimes et les châtiments de ses crimes, et accordez-nous les célestes récompenses. Ainsi soit-il.

Antienne. C'est moi qui vous ai délivré de la captivité d'Egypte, après avoir englouti Pharaon dans la mer Rouge; et vous m'avez livré aux horreurs d'une obscure prison.

Hic vinctus vinctos liberat.

Qui patres limbo solvere
In testamenti sanguine,
Ibat et lumen reddere,
Hic mancipatur carceri.

Lux mundi, lumen gentium,
In fœdus datur populi;
Ut lacu clausos extrahat,
Heu! prius is detruditur.

Samson velut fortissimus,
Arctatur diris manibus
Sed se columna destruens
Morte triumphat inclytus.

Dum compedes hic consecrat
Tradit normam martyribus;
Qui crucem læti capiunt
Quæ meruere gloriam.

Jesu, dulcis memoria,
Ob sacri vincla corporis,
Reis culpas, supplicia
Remittas et da præmia.
Amen.

Antiphona. Ego te duxi de captivitate Ægypti, demerso Pharaone in mare Rubro; et tu me tradidisti huic carceri obscuro.

℣. Dirupisti, Domine, vincula mea.

℟. Tibi sacrificabo hostiam laudis.

OREMUS.

Absolve, quæsumus, Domine, nostrorum vincula peccatorum, ut a corporis hujus carcere expediti, gloriæ lumen videre mereamur. Per Christum Dominum nostrum. Amen.

℣. Seigneur. vous avez rompu mes liens.

℟. Je vous sacrifierai une victime de louange.

PRIONS

Déliez, Seigneur, nous vous en conjurons, les liens de nos péchés, afin qu'au sortir de la prison de ce corps, nos âmes méritent de jouir de la lumière de la gloire éternelle. Par Jésus-Christ Notre-Seigneur. Ainsi soit-il.

Nous lisons dans l'Evangile de saint Jean : « Les soldats ayant crucifié Jésus prirent ses vêtements, et en firent quatre parts, une pour chaque soldat. Ils prirent aussi sa tunique, et comme elle était sans couture, et d'un seul tissu, depuis le haut jusqu'en bas, ils se dirent entre eux : Ne la coupons pas; mais jetons au sort à qui l'aura. Or, ceci arriva afin que cette parole de l'Ecriture fût accomplie : Ils ont partagé entre eux mes vêtements, et ils ont jeté ma robe au sort. Et, en effet, c'est ce que firent les soldats, qui accomplirent ainsi cette prophétie [1]. »

Les habits des suppliciés appartenaient de droit à leurs bourreaux. C'était un héritage que leur accordait la loi. Il n'est donc pas étonnant que les soldats qui avaient crucifié Notre-Seigneur les aient réclamés.

De ce qu'ils étaient quatre, on ne peut pas conclure que Jésus portât quatre vêtements. Il est plus probable qu'il n'en avait que trois, le manteau, la tunique et un habit qu'on portait sous la tunique. C'est encore au-

____
[1] Joan. xix, 23 et 24.

jourd'hui l'habillement complet des Juifs de Jérusalem. D'ailleurs, les paroles mêmes des soldats semblent autoriser cette interprétation. En parlant de sa tunique, ils disent : Ne la coupons pas, mais tirons au sort à qui elle appartiendra : *Non scindamus eam, sed sortiamur de illa cujus sit.* C'est comme s'ils disaient : Ne la scindons pas comme nous avons scindé les autres vêtements, parce qu'elle n'a pas de couture comme les autres vêtements que nous avons pu découdre. Il ne convient pas de la couper et de la déchirer : mieux vaut la tirer au sort.

Jésus, s'étant fait pauvre pour nous, et si pauvre qu'il n'avait pas où reposer sa tête, ne devait pas avoir des habits bien somptueux. Saint Jean-Baptiste était très-pauvrement vêtu, et Jésus a fait l'éloge de la simplicité des vêtements de son saint précurseur en disant que c'était dans les palais des souverains qu'il fallait aller chercher le luxe des habits : *Ecce qui mollibus vestiuntur in domibus regum sunt*[1]. Ce n'était donc pas pour leur richesse que les soldats les ambitionnaient. Mais ils n'ignoraient pas quel prix ils devaient avoir aux yeux de sa sainte Mère, de ses apôtres et de ses disciples. Peut-être espéraient-ils les leur vendre fort cher. Ils auraient pu, du moins, comme les frères de Jacob à leur père, montrer à sa Mère la tunique de Jésus tout ensanglantée, et lui dire : Voilà une tunique que nous avons trouvée; voyez si c'est celle de votre fils ou non : *Hanc invenimus ; vide utrum tunica filii tui sit, an non*[2].

____

[1] Matth., xi, 8.   [2] Gen., xxxvii, 54.

Et, en effet, aux yeux de la foi, de quel prix infini n'étaient pas les vêtements de Jésus, notre souverain prêtre et notre bien-aimé Seigneur ? Et si nous honorons la crèche, la croix et le saint sépulcre parce qu'ils ont touché ses membres divins pendant quelques instants seulement, quel culte ne devons-nous pas à ses habits qui ont touché son corps pendant plusieurs années et ont été pour ainsi dire lavés dans ce sang précieux dont une seule goutte eût été plus que suffisante pour sauver le monde ?

Il n'est donc pas étonnant que, mille ans à l'avance, le mystère de la division des vêtements ait été annoncé au monde par les prophètes, que tous les évangélistes en aient parlé, et que le lieu où il s'est passé ait été en grande vénération auprès des premiers chrétiens.

Ce lieu est tout voisin *de la prison de Jésus.* Les soldats auraient pu se partager ces vêtements au pied de la croix même. C'est ce qu'ils auraient fait, sans doute, s'ils n'avaient pas été obligés de recourir à la voie du sort. Mais comme le Calvaire, après le crucifiement du Sauveur, était encombré d'une foule immense de spectateurs, pour être moins troublés dans leur opération, ils durent se retirer aux pieds du Calvaire, à l'endroit même où s'arrête la procession franciscaine pour célébrer la mémoire de ce mystère.

Là, le chœur chante :

Ecce nunc Joseph mysticus E lacu dum extrahitur , Venditus datur gentibus, Quem suis privant tunicis.	Voici maintenant ce Joseph mystique qui, retiré de la citerne, est vendu aux gentils, qui lui arrachent ses vêtements.

Le Sauveur, en effet, venait au secours du monde languissant ; tout revêtu d'amour, il s'empresse de nous revêtir des vêtements du salut.

Ainsi Jacob, sous les habits de son frère, et les mains couvertes de peau de chevreau, ravit par cet artifice la bénédiction paternelle qu'Esaü perdit par sa faute.

C'est ici l'agneau très-saint, promis autrefois aux patriarches, qui était venu, victime innocente, revêtir de sa toison la nudité de l'homme.

Ainsi, ce divin agneau se dépouille de sa tunique pour expier par sa nudité la faute du premier homme et nous apporter les dons de la vie éternelle.

Ah ! race impie, semblable à Cham qui ne sut pas voiler le corps de son père surpris par l'ivresse, tu as dépouillé le Seigneur Jésus-Christ mourant.

Quelle ironique et sacrilége inconstance ! lorsqu'il entrait à Jérusalem, les Juifs jetaient sous ses pas leurs vêtements ; lorsqu'il en sort, ils déchirent les siens.

Ces vêtements qui, sur le Thabor, parurent plus blancs que la neige, voyez-les *ici* teints dans le sang, et divisés sur le Calvaire.

Erat Salvator etenim
Succurrens mundo languido :
Cinctus amore properat
Ut nos salute cingeret.

Jacob en sic pelliceis
Vestitus fratris hædinis
Ut benedictum raperet
Arte, quod culpa perdidit.

Hic agnus est sanctissimus
Promissus quondam patribus
Qui venerat ut victima
Vestire nudum hominem.

Hinc is se privat tunicis,
Ut noxam primi hominis
Per nuditatem auferat
Et dona vitæ conferat.

Vah ! gens iniqua, similis
Cham, patris inguen detegens
Musto madentis ; languidum
Nudasti Christum Dominum.

O differens obsequium,
Vestes, intrat dum Solymas
Christo prosternunt proprias
Sed exeunti lacerant.

Vestes, velut nix, candidæ
In Thabor visæ splendidæ
Tinctæ rubent hic sanguine
Divisæ in hoc Calvario.

C'est ici que des impies ont partagé les vêtements du Seigneur épuisé par les souffrances, et tiré au sort sa tunique sacrée.

Prosternés devant vous, nous vous en supplions, ô Créateur du monde, vous qui avez été dépouillé de vos vêtements, revêtez-moi de toutes vos vertus. Ainsi. soit-il.

Antienne. Les soldats ayant crucifié Jésus, reçurent ses vêtements. Ils en firent, ici même, quatre parts, une pour chaque soldat. Ils prirent aussi sa tunique.

℣. Ils ont divisé ici mes vêtements.

℟. Et ils ont jeté le sort sur ma tunique.

PRIONS

O Dieu, qui, par votre Fils unique, avez fourni des remèdes de salut au monde qui s'écroulait, faites que, dépouillés de tous les vices, et ornés de toutes les vertus, nous méritions d'être présentés en habits blancs, symbole de l'innocence, devant le tribunal de votre majesté suprême. Ainsi soit-il.

Hic sunt partiti impii
Amictus Christi languidi
Ejusque sacræ tunicæ
Fecere sortes arbitras.

Precamur ego cernui
Te Creatorem sæculi,
Jam sic privatus vestibus
Nos indue virtutibus. Amen.

Antiphona. Milites ergo cum crucifixissent Jesum, acceperunt vestimenta ejus, et fecerunt hic quatuor partes, unicuique militi partem, et tunicam.

℣. Diviserunt hic sibi vestimenta mea.

℟. Et super vestem meam miserunt sortem.

OREMUS

Deus, qui, per Unigenitum tuum, labenti mundo salutis remedia contulisti, concede nobis ut, spoliati vitiis, virtutibusque adornati, ante tribunal majestatis tuæ in veste candida præsentari mereamur. Per eumdem Christum Dominum nostrum. Amen.

En sortant de la chapelle de la *division des vêtements,* par un vaste escalier de vingt-huit à trente marches, on descend dans la chapelle de Sainte-Hélène, et de là, par onze autres marches, dans celle dite de l'*Invention de la Sainte-Croix.* Laissons un auteur très-versé dans la science de la sainte Ecriture, ainsi que dans l'histoire et les traditions de la Terre-Sainte qu'il avait étudiées sur les lieux mêmes pendant dix ans entiers, nous faire la description de l'endroit où fut trouvée la vraie croix [1]. « Le lieu dans lequel furent trouvées la croix de Jésus et celles des deux larrons crucifiés avec lui, après une inspection sérieuse de la Jérusalem antique, me paraît être une fosse de la ville qui se trouve au delà du mur d'enceinte de la porte judiciaire, aux pieds du Calvaire. Il faut croire qu'après avoir enlevé les corps des croix, les Juifs jetèrent par mépris les croix dans cette fosse et la couvrirent ensuite de décombres, pour les laisser pourrir dans la terre. Mais la très-sainte impératrice Hélène donna des ordres pour qu'on creusât et purifiât ce lieu, et, après y avoir découvert les croix, elle y éleva une chapelle et un autel. Aujourd'hui ce lieu se trouve dans l'enceinte de la ville qui a été reculée de ce côté. Il est sous le Calvaire où Jésus a été crucifié [2]. »

Et, en effet, comme on le sait, Jésus a été crucifié le vendredi soir. Le même jour, au coucher du soleil, commençait le sabbat et encore le grand sabbat, c'est-à-dire, celui qui se trouvait dans l'octave de Pâques et qui était en grand honneur chez les Juifs. Pour qu'il fût solennisé dignement, non-seulement les corps ne devaient pas rester sur les croix, mais les croix elles-mêmes devaient disparaître. La sainteté de ce grand jour eût été violée par la seule vue de ces croix. C'est pourquoi on se hâta de les faire disparaître avec les autres instruments dont on s'était servi pour le cruci-

______

[1] Brocard.   [2] *De loc. sanct.*, VII, § 47.

fiement : il n'y avait pas un moment à perdre. Aussi saint Jean nous apprend-il que tout était terminé avant le coucher du soleil : « Comme donc c'était la veille du sabbat, afin que les corps ne demeurassent pas à la croix le jour du sabbat, car ce sabbat-là était un jour fort solennel, à cause de la fête de Pâques qui s'y rencontrait, les Juifs prièrent Pilate de leur faire rompre les jambes pour avancer leur mort, et de les faire enlever. Il vint donc des soldats qui rompirent les jambes du premier et de l'autre qu'on avait crucifié avec lui. Puis étant venu à Jésus et le voyant déjà mort, ils ne lui rompirent pas les jambes. Mais l'un d'eux lui perça le côté d'une lance ; et aussitôt il en sortit du sang et de l'eau [1]. »

C'est alors qu'on se hâta de jeter ces croix dans la fosse où elles furent trouvées. Cette fosse ne ressemble pas mal à une vieille citerne.

D'ailleurs, à Jérusalem, on n'a jamais cité d'autre lieu où ait été trouvée la croix. S'il y en avait eu un autre, comment les anciens historiens ne nous en auraient-ils pas conservé la mémoire ? Et puis comment expliquerait-on que sainte Hélène eût fait ériger là une chapelle et l'eût décorée du beau nom d'*Invention de la Sainte-Croix ?*

Alors la procession chante cette hymne, qui a passé dans la liturgie générale de l'Eglise :

Crux fidelis, inter omnes	✿ Croix, objet de notre foi, arbre
Arbor una nobilis,	illustre parmi tous les arbres, vous
Nulla sylva talem profert	surpassez tous les arbres des forêts

[1] Joan., XIX, 31, 32, 33 et 34.

pour les feuilles, les fleurs, les fruits : ô bois aimable, ô clous sacrés qui portez un si précieux fardeau !

Arbre saint, abaisse tes branches pour soulager les membres sacrés qui y sont tendus ; fléchis ta dureté naturelle pour calmer les douleurs du Roi céleste.

Vous seul avez été trouvé digne de porter la victime du monde, et devenir l'arche de salut qui conduit au port le genre humain naufragé, et d'être teint du précieux sang qui a coulé du corps de l'Agneau sans tache.

O croix, mon unique espérance, toi qui as été trouvée en ce lieu par Hélène, je te salue ; par elle, ô mon Dieu, sauvez vos brebis errantes, et dirigez-les par votre grâce : augmentez la foi et l'espérance des âmes pieuses, et accordez le pardon aux coupables.

Gloire et honneur au Dieu très-haut, semblable gloire au Père, au Fils et au Saint-Esprit, à qui soient louange et pouvoir dans les siècles des siècles. Ainsi soit-il.

Antienne. O Croix bénite, qui avez été seule jugée digne de porter le Roi céleste et le Seigneur, alleluia !

Fronde, flore, germine :
Dulce lignum, dulces clavos,
Dulce pondus sustinet.

Flecte ramos, arbor alta,
Tensa laxa viscera ;
Et rigor lentescat ille
Quem dedit nativitas ;
Et superni membra Regis
Tende miti stipite.

Sola digna tu fuisti,
Ferre sæcli pretium
Atque portum præparare
Nauta mundo naufrago ;
Quem sacer cruor perunxit,
Fusus Agni corpore.

Unica spes, o crux, ave
Hic inventa ab Helena
Per hanc salva, rege vagos
Tua, Deus, gratia :
Auge piis spem et fidem
Et da reis veniam.

Gloria et honor Deo
Usquequaque altissimo,
Una Patri Filioque,
Inclyto Paraclito ;
Cui laus est et potestas,
Per æterna sæcula. Amen.

Antiphona. O Crux benedicta, quæ sola fuisti digna portare Regem cœlestem et Dominum, alleluia !

℟. Hoc signum crucis erit in cœlo,

℟. Cum Dominus ad judicandum venerit.

OREMUS.

Deus, qui hic in præclara salutiferæ crucis inventione, passionis tuæ miracula suscitasti, concede ut vitalis ligni pretio, æternæ vitæ suffragia consequamur. Qui vivis et regnas in sæcula sæculorum. Amen.

℣. Le signe adorable paraîtra un jour dans le ciel,

℟. Quand le Seigneur viendra pour juger le monde.

PRIONS.

O Dieu, qui, dans la glorieuse invention du bois salutaire de la croix, avez renouvelé les merveilles de votre passion, daignez, par le prix de cet arbre de vie, nous accorder les récompenses éternelles. Vous qui, étant Dieu, vivez et régnez dans les siècles des siècles. Ainsi soit-il.

De la chapelle de l'*Invention de la Sainte-Croix*, en remontant les onze ou douze marches, on se retrouve dans la chapelle de Sainte-Hélène.

Cette chapelle forme un carré à peu près régulier dont un côté peut avoir quinze mètres. Le fond en est de vingt et un pieds plus bas que l'église même du Saint-Sépulcre. Il y a deux autels : le plus grand est dédié à la sainte impératrice, et l'autre, plus petit, au bon larron.

On y montre le lieu où se tenait agenouillée sainte Hélène, et où elle priait avec une grande ferveur, pendant que les fouilles se continuaient sous ses yeux. Dans l'oraison funèbre de Théodose, prononcée devant le sénat romain, saint Ambroise la fait ainsi parler quand elle arriva sur le Golgotha : « Voici la place du combat, mais où donc se trouve le signe de la victoire ? Je cherche l'étendard du salut et je ne le trouve pas. Quoi ! je suis sur le trône, et la croix du Seigneur est couchée dans la poussière ! Je demeure dans les palais, et l'instrument du triomphe de Jésus-Christ est enseveli sous des ruines ! Elle est encore cachée, la palme de la vie éternelle ! Comment me croirais-je rachetée, si le signe de la rédemption est célé à tous les yeux ? Je vois tout ce que tu as fait, ô démon, pour dérober aux regards le glaive qui t'a donné la mort. Mais Isaac a bien su vider les citernes que des étrangers avaient comblées, et il n'a pas permis que leurs eaux demeurassent plus longtemps dans l'oubli. Qu'on enlève donc ces ruines, afin que la source de vie apparaisse; qu'on mette au grand jour le cimeterre qui a coupé la tête au véritable Goliath; que le sein de la terre s'ouvre, afin que l'instrument de salut brille à tous les yeux ! Père du mensonge ! tu nous caches le bois très-saint dans l'espoir de nous vaincre encore ; mais Marie t'a battu en mettant au monde le Triomphateur, et, sans cesser d'être vierge, elle est devenue mère de celui qui t'a subjugué du haut de sa croix. Tu seras vaincu aujourd'hui encore, et une autre femme découvrira tes embûches. Marie a porté le Seigneur dans son sein ; moi, je porterai sa croix dans le mien. Elle l'a engendré; moi, je le ressusciterai en quelque sorte. Elle a fait qu'un Dieu est apparu parmi les hommes; moi, pour le salut des pécheurs, je relèverai de ses ruines le divin étendard ! »

Ne méritait-elle donc pas bien une chapelle dans le lieu même où elle a donné la croix au monde et à Jésus-Christ comme une seconde résurrection, cette vénérable impératrice qui manifeste de si sublimes sentiments, et qui, avec une magnificence vraiment royale, a fait construire l'auguste basilique du Saint-Sépulcre et a couvert de sanctuaires tous les lieux de la Terre-Sainte à jamais célèbres par les miracles de Jésus-Christ ou par les divins mystères qui ont sauvé le monde ? Aussi, est-ce de tout cœur que l'assistance, comme enlevée par de si touchants souvenirs, entonne dans sa chapelle l'hymne des saintes femmes :

Fortem virili pectore
Laudemus omnes Helenam
Quæ sanctitatis gloria
Ubique fulget inclyta.

Louons tous Hélène à l'âme forte, que la gloire de la sainteté a rendue célèbre dans le monde entier.

Hæc Jesu amore saucia,
Dum Christi crucem fervida
Inquirit, ad cœlestia
Iter peregit arduum.

Embrasée des feux de l'amour divin, tandis qu'elle cherche la croix du Christ avec ferveur ; elle parcourt courageusement le chemin difficile qui conduit au ciel.

Carnem domans jejuniis
Dulcique mentem pabulo
Orationis nutriens,
Cœli potitur gaudiis.

Après avoir châtié son corps par les jeûnes, et nourri son cœur de l'aliment agréable de l'oraison, elle a obtenu le bonheur de goûter les joies célestes.

Rex Christe, virtus fortium,
Qui magna solus efficis,
Hujus precatu, quæsumus,
Audi benignus supplices.

O Christ Roi, force des forts, qui seul faites les grandes choses, nous vous le demandons par son intercession, écoutez avec bonté nos faibles prières.

Deo Patri sit gloria,
Ejusque soli Filio,
Cum Spiritu Paraclito
Et nunc et in perpetuum.
Amen.

Gloire à Dieu le Père, gloire à son Fils unique, et au Saint-Esprit consolateur, maintenant et dans tous les siècles. Ainsi soit-il.

Antienne. Hélène, mère de Constantin, vient à Jérusalem pour chercher la croix du Sauveur. Alleluia.

℣. Priez pour nous, bienheureuse Hélène.

℟. Afin que nous soyons trouvés dignes des promesses du Christ.

PRIONS.

Exaucez avec bienveillance, nous vous en conjurons, Seigneur, les prières de votre famille, afin qu'après nous être réjouis partout du zèle et de la ferveur de sainte Hélène, qui a eu la joie de retrouver ici le bois si désiré de la croix, par ses mérites et ses prières, il nous soit donné de goûter un jour la joie céleste. Par Jésus-Christ Notre-Seigneur. Ainsi soit-il.

Antiphona. Helena, Constantini mater Jerosolyman venit, ut crucem Domini inveniret. Alleluia.

℣. Ora pro nobis, beata Helena.

℟. Ut digni efficiamur promissionibus Christi.

OREMUS.

Preces familiæ tuæ, quæsumus, Domine, clementer exaudi, ut sicut de fervido beatæ Helenæ studio ubique gaudet, quæ læta hic desideratum sanctæ crucis lignum invenit, ita ejus meritis et precibus in cœlesti gloria semper gaudere mereamur. Per Christum Dominum nostrum. Amen.

Après avoir vénéré *la chapelle de l'Invention de la Sainte-Croix* et celle de *Sainte-Hélène*, la procession remonte les marches qu'elle avait descendues, et se retrouve dans la basilique de la Résurrection.

A trois pas d'elle, à sa gauche, elle trouve la chapelle de la *Colonne de l'impropère*. *Improperium* est un vieux mot latin qui signifie toute espèce de moqueries et d'insultes.

Et, en effet, Jésus était épuisé par l'horrible supplice de la flagellation, il ne pouvait plus se tenir debout; mais il n'avait pas encore bu jusqu'à la lie le calice d'amertume. Alors on le fait asseoir sur une colonne qui ne paraît pas plus élevée qu'un siége ordi-

naire, et là, il devient le jouet d'une infâme solda-
tesque. Cette troupe inhumaine coupe des branches de
ces épines longues et acérées qui croissent en foule
autour de Jérusalem, en tresse une couronne et la lui
pose sur la tête. C'est son royal bandeau. Outre la
couronne, les autres rois ont un sceptre à la main et
un manteau royal, muet symbole de l'ampleur de leur
puissance. Jésus aura les siens. Son sceptre, c'est un
roseau qu'on lui met à la main; son manteau royal,
ce sont des haillons de pourpre qu'on lui jette sur les
épaules. Et les hommages de ses sujets et de ses cour-
tisans, quels seront-ils? C'est à peine si la langue
française permet d'exprimer de pareilles horreurs : ce
sont des coups, des soufflets, des crachats jetés sur
cette auguste face dont la contemplation fait la joie et
le ravissement du ciel. Et ensuite ils courbent les genoux devant lui par dérision, en s'écriant : Je te salue, ô
Roi des Juifs!

Comme l'Esprit-Saint savait que la nature humaine
est très-sensible aux injures, pour nous apprendre à
les supporter en chrétiens, il a voulu qu'aucun des
évangélistes n'oubliât ces affligeants détails. « Les soldats du gouverneur, dit saint Matthieu, ayant emmené
Jésus dans le prétoire, rassemblèrent autour de lui la
cohorte entière. Et après lui avoir ôté ses habits, ils
le couvrirent d'un manteau d'écarlate. Puis ayant fait
une couronne d'épines entrelacées, ils la lui mirent
sur la tête avec un roseau à la main droite; et, fléchissant le genou devant lui, ils se moquaient de lui et de
sa royauté, en disant : Je te salue ô roi des Juifs! Et

lui crachant au visage, ils prenaient le roseau qu'ils lui avaient mis entre les mains, et ils en frappaient sa tête pour y enfoncer les épines dont ils l'avaient couronné[1]. » Les mêmes évangélistes racontent les mêmes scènes presque dans les mêmes termes.

La voici, devant nous, cette colonne! Elle a été transportée, là aux pieds du Calvaire, dans cette chapelle à laquelle elle a donné son nom; sur cet autel, afin que tous les souvenirs de la passion se groupassent en ce lieu, et que nous vissions par des signes sensibles tout ce que le très-doux Jésus a bien voulu souffrir pour nous dans le cours de sa passion!

Prenons au sérieux tout ce qui s'est passé autour de cette colonne. Elle est véritablement le trône sur lequel Jésus a été sacré roi. Humblement prosternés, disons-lui donc : Oui, vous êtes véritablement mon roi. Cette couronne qui ceint votre noble front me plaît, puisque vous l'avez préférée aux autres; ses épines sont autant de diamants plus brillants à mes yeux qué les étoiles du firmament. Ce sceptre de roseau ne déshonore pas ces mains qui ont créé le ciel et la terre : c'est le sceptre de la justice et de l'équité par excellence: *virga directionis, virga regni tui*[2]. Daigne ce sceptre me toucher, comme autrefois celui d'Assuérus toucha Esther : *Placuit oculis ejus, et extendit contra eam virgam auream quam tenebat manu*[3]. Qu'il touche mon cœur, ô mon Roi, afin qu'il se fixe irrévocablement dans votre amour; qu'il touche mon intelligence,

----

[1] Matth. xxvii, 27, 28, 29 et 30. [2] Ps. xliv, 7.

[3] Esther, v, 2.

afin qu'elle n'oublie jamais vos saints enseignements; qu'il touche mon âme, afin qu'elle ne se colle jamais à la terre; qu'il touche mon corps, pour qu'il soit sans cesse l'esclave soumis de mon âme : c'est ainsi que ce divin roseau, plus fort dans sa faiblesse que tous les sceptres des maîtres du monde, sera toujours pour moi la source d'une immense consolation : *Virga tua et baculus tuus, ipsa me consolata sunt* [2]. Je vénère encore, Seigneur, la pourpre qu'on a jetée insolemment sur vos épaules. Avant de vous toucher, il est vrai, ce n'était qu'un vil chiffon ramassé dans l'égoût; mais après vous avoir touché, elle est plus précieuse à mes yeux que tous les manteaux royaux des souverains passés, présents et futurs! C'est dans ces sentiments que je m'agenouille devant cette colonne, au moment où vous êtes assis dessus, et que je vous répète du plus profond de mon cœur : Je vous salue, Roi de tout ce qui vit et se meut sous le soleil, Roi des anges et des hommes : *Ave, Rex Judæorum!*

C'est aussi dans ces sentiments que notre procession s'écrie :

Cœtus piorum exeat Davidis prolem cernere, Non in paratu splendido Sed cunctis, heu ! ludibrio.	Ames pieuses, sortez en foule pour voir le Fils de David, non pas au milieu d'un appareil pompeux, mais hélas ! en butte à la risée de tout un peuple !
Contemptior est omnibus Quam lamna testæ fictilis : Hunc multitudo opprobriis Coram lacessit asperis.	Il est méprisé par cette multitude, au-dessous du plus simple vase d'argile, et il est assailli en face des plus cruels outrages.

[1] Ps. XXII, 4.

Isaïe l'avait bien prédit qu'il devait livrer son corps à ses bourreaux, qu'ils lui arracheraient la barbe et couvriraient son visage de crachats.

O mon âme, considère en ce moment la face de ton Jésus ; vois : de la tête aux pieds, son corps n'est qu'une plaie.

Moïse, tu as vu le Seigneur tout resplendissant de lumière au milieu du buisson ardent; et nous, nous l'apercevons languissant, déchiré par les épines et souillé par les crachats.

Figuré par Isaac, le voilà près d'être immolé ; comme le bélier au milieu des ronces, il est, hélas ! tout entouré d'épines.

Prions avec larmes Jésus-Christ, au nom du manteau de pourpre, des épines, des fouets et du roseau, qu'il nous couronne, un jour, de gloire. Ainsi soit-il.

Antienne. Je vous ai donné un sceptre royal, et vous avez posé sur ma tête une couronne d'épines.

℣. Ils ont tressé une couronne d'épines.

℟. Ils l'ont placé sur sa tête.

PRIONS.

O Dieu, qui, par l'humanité de votre Fils, avez relevé le monde tombé, soyez-nous propice, et faites,

---

Hoc Isaias dixerat
Corpus percutientibus
Dum dat, genas vellentibus
Vultumque conspuentibus.

In tui Christi faciem
O respice nunc, anima :
A planta adusque verticem
Non est in eo sanitas.

Vidisti, Moyses, Dominum
In rubo ardenti fulgidum ;
Sed nos videmus languidum,
Et spinis, sputo sordidum.

Dum velut Isaac typicus
Mactandus modo cernitur ;
Ut aries in vepribus,
Sic sentibus, heu ! cingitur.

Precemur Christum lacrymis
Pro chlamyde coccinea,
Spinis, flagris, arundine,
Ut nos coronet gloria. Amen.

Antiphona. Ego dedi tibi sceptrum regale, et tu capiti meo imposuisti spineam coronam.

℣. Plectentes coronam de spinis.

℟. Posuerunt super caput ejus

OREMUS.

Deus, qui in Filii tui humanitate jacentem mundum erexisti, concede propitius, ut

<table>
<tr>
<td>

superbiæ corona - abjecta , qu'après avoir rejeté la couronne de immarcescibilem coronam l'orgueil, nous méritions la cou-gloriæ consequamur. Per ronne de gloire qui ne se flétrit cumdem Christum Dominum jamais. Par Jésus-Christ Notre Sei-nostrum. Amen. gneur. Ainsi soit-il.

</td>
</tr>
</table>

Jésus est né à Bethléem, mais hors la ville; il est mort à Jérusalem, mais hors la ville, puisque le Calvaire était alors au delà de son mur d'enceinte. Il est ressuscité hors la ville, puisque son tombeau est aux pieds du Calvaire. Il est monté aux cieux sur le mont des Oliviers, hors la ville, pour nous montrer qu'il n'est pas né, ni mort, ni ressuscité, ni monté au ciel pour le seul peuple juif, mais bien pour tous les peuples du monde.

Aujourd'hui, la basilique du Saint-Sépulcre fait partie de la ville même de Jérusalem, parce que la ville s'est prolongée de ce côté, et on n'est pas peu surpris de trouver dans l'intérieur même de l'auguste basilique et le Calvaire et le tombeau de Jésus-Christ.

D'après les transformations qu'a subies le Calvaire, la seule élévation qui lui reste au-dessus du tombeau de Notre-Seigneur n'est que de seize pieds. Du reste, nulle part dans les Evangiles il n'est fait mention *de la montagne* du Calvaire, mais bien *du lieu du Cal-vaire : Exivit in eum, qui dicitur Calvariæ, locum* [1]. On y monte par un petit escalier peu distant de la cha-pelle de la couronne de l'impropère, en chantant l'hymne si belle et si populaire du *Vexilla Regis pro-deunt.*

---

[1] Joan. xix, 19.

L'étendard du Monarque éternel est déployé, le mystère de la croix, par lequel l'Auteur de la vie a été suspendu à un infâme gibet, brille maintenant à tous les yeux.

De son côté ouvert par le fer meurtrier de la lance est sorti du sang et de l'eau, pour nous purifier de nos souillures.

Ils sont accomplis les fidèles oracles de David, qui a dit aux nations : C'est par le bois que Dieu régné.

Arbre précieux et brillant de gloire, orné de la pourpre du Roi, c'est *ici* qu'il a porté le corps du Seigneur tout livide de plaies causées par la flagellation.

Que vous êtes heureux d'avoir porté dans vos bras la rançon du monde, d'avoir été comme la balance dans laquelle a été pesé ce corps divin, et d'avoir arraché à l'enfer sa proie !

Salut, ô Croix notre unique espérance, qui étendez *ici* les bras du Christ ! rendez le juste plus juste encore, et obtenez aux pécheurs le pardon.

Que tout esprit chante vos louanges, auguste Trinité qui êtes un seul Dieu ; gouvernez à travers les siècles ceux que vous sauvez par le mystère de la Croix. Ainsi soit-il.

Antienne. Ils prirent Jésus et

Vexilla Regis prodeunt,
Fulget crucis mysterium,
Quo carne carnis Conditor
Suspensus est patibulo.

Quo vulneratus insuper
Mucrone diro lanceæ,
Ut nos lavaret crimine
Manavit unda et sanguine.

Impleta sunt quæ concinit
David fideli carmine,
Dicendo nationibus :
Regnavit a ligno Deus.

Arbor decora et fulgida,
Ornata Regis purpura,
Suscepit *hìc* quæ Domini
Corpus flagellis lividum.

Beata cujus brachiis
Sæcli pependit prætium,
Statera facta corporis
Prædamque tulit tartari.

O Crux, ave, spes unica,
Hìc Christi tendens brachia,
Auge piis justitiam
Reisque dona veniam.

Te, summa, Deus, Trinitas,
Collaudet omnis spiritus :
Quos per Crucis mysterium
Salvas, rege per sæcula.
   Amen.

Antiphona. Susceperunt

autem Jesum et eduxerunt l'emmenèrent. Il porta lui-même eum : bajulans sibi crucem sa croix, et sortit de la ville pour exivit in hunc, qùi dicitur arriver au lieu qu'on appelle le Calvariæ, locum, hebraïce Calvaire, en hébreu Golgotha, où autem Golgotha, ubi crucifi- ils le crucifièrent. xerunt eum.

℣. Foderunt *hìc* manus meas et pedes meos.

℣. Ils ont percé *ici* mes mains et mes pieds.

℟. Et dinumeraverunt omnia ossa mea.

℟. Ils ont compté tous mes os.

OREMUS.

PRIONS.

Domine Jesu Christe, Fili Dei vivi, qui hora sexta pro redemptione mundi crucis patibulum in *hoc* Calvario ascendisti, et sanguinem tuum pretiosum in remissionem peccatorum nostrorum fudisti ; te humiliter deprecamur ut, post obitum nostrum, paradisi januam nos gaudenter introire concedas. Qui vivis et regnas in sæcula sæculorum. Amen.

Seigneur Jésus-Christ, Fils du Dieu vivant, qui, à la sixième heure du jour, êtes monté avec votre croix sur *ce* Calvaire pour la rédemption du monde, et y avez versé votre sang précieux pour la rémission des péchés, nous vous supplions de vouloir bien nous accorder, après notre mort, la joie de franchir les portes du paradis. Vous qui vivez et régnez dans les siècles des siècles. Ainsi soit-il.

Entre l'hymne qu'on chante le dimanche des Rameaux et celle qu'on chante au Calvaire, il y a peu de différence pour l'esprit ; mais que la différence est grande pour le cœur ! C'est *ici* que Jésus a été cloué à la croix ; c'est *ici* que Jésus nous tend les bras ; c'est *ici* qu'ils ont percé mes mains et mes pieds. — C'est ce seul mot *ici* qui, entre les prières faites ailleurs et celles faites à Jérusalem, établit une distance plus grande que celle qui existe entre Jérusalem et Paris. Oui, dans ce seul mot *ici*, il y a toute un monde d'idées qu'on sent, mais qu'on ne peut exprimer. A ce seul mot, le cœur se fond comme la cire à la face du soleil; les émotions étouffent la voix; les gémissements, les larmes la remplacent. On n'a plus que la force de se prosterner la face contre terre et de coller ses lèvres sur ce sol béni arrosé du sang de Jésus-Christ.

La procession se trouve alors sur la plate-forme du Calvaire. Cette plate-forme peut avoir environ quarante-six pieds carrés. Elle se divise en deux parties : du côté du midi, est l'autel construit sur le lieu même où Jésus a été crucifié; du côté du nord, l'autel élevé précisément au-dessus du trou où la croix a été plantée.

On croit que, par vénération pour le père du genre humain, Noé a sauvé du déluge les ossements ou du moins la tête d'Adam, et qu'ensuite elle fut ensevelie à Jérusalem sur un monticule qui a pris de là le nom de Calvaire. Le mot *calvaire*, *calvarium*, signifie *tête*, *crâne*.

C'est une de ces traditions que nous ne voudrions pas mêler à la gravité de notre récit, si nous ne trouvions pas, pour l'appuyer, les témoignages de nos plus illustres docteurs.

« Le Calvaire, dit Origène, était le lieu où devait mourir celui qui mourait pour tous les hommes; car une tradition m'apprend que le premier homme a été enseveli dans le lieu même où Jésus fut crucifié, afin que tous les hommes qui avaient reçu la mort par Adam reçussent la vie par Jésus-Christ; et que, dans ce lieu qu'on appelle le Calvaire, c'est-à-dire le lieu de la tête, Adam, la tête du genre humain, retrouvât la vie avec toute sa race par la résurrection du Sauveur qui y a souffert et y est ressuscité : » *Ut in loco illo, qui dicitur Calvariæ locus, id est, locus capitis, caput humani generis, Adam, resurrectionem inveniat cum populo universo per resurrectionem Salvatoris, qui ibi passus est et resurrexit*[1].

« On conserve, dit saint Basile, une tradition qui nous apprend que l'ancienne Judée fut habitée par Adam, qui s'y réfugia aussitôt qu'il fut chassé du paradis terrestre, afin d'adoucir un peu la perte des biens dont il venait d'être privé; que ce fut aussi la Judée qui reçut les dépouilles mortelles du premier homme, après qu'il eut satisfait pleinement à la sentence de condamnation portée contre lui. Sa tête fut enterrée dans un lieu qu'ils appelèrent tout naturellement *Cranion, Calvaire*, ou le lieu du crâne, parce qu'un tel objet devait naturellement frapper les hommes de cette époque. Il est bien probable que Noé n'ignorait pas où était le tombeau du père et du chef du genre humain, puisqu'aussitôt après le déluge et de la bouche même de Noé, cette tradition se répandit partout, et que ce fut là, sur le lieu même du Calvaire, que Notre-Seigneur souffrit pour frapper la mort dans l'origine même de la mort : *Probabili ratione potuit Noe non ignorasse sepulcrum principis hujus et mortalium omnium primogeniti : siquidem de hac re fama a diluvio mox per orbem propagata est ab ipso et demanavit ; eoque Dominus excussa origine*

____
[1] Origène, Tract. **xxv**, in mat.

humanœ mortis, in Calvariœ loco passus est [1]. »

« La tradition des anciens, dit à son tour saint Augustin, nous rapporte qu'Adam, le premier homme, fut enseveli dans l'endroit même où fut plantée la croix, et qu'on a donné à ce lieu le nom de Calvaire, parce que, comme on le dit, il renferme la tête du genre humain. Et réellement, il n'est pás inconvenant que le médecin soit allé là où était couché le malade. Il était raisonnable que là où était tombé l'orgueil humain, là aussi descendit la miséricorde divine, et que ce sang précieux, qui a daigné couler pour effacer le péché, vînt racheter, en se répandant sur elle, la poussière du premier pécheur [1]. Saint Ambroise [2] et saint Epiphane disent la même chose [3]. D'après un savant auteur [5], c'est pour cela qu'on a coutume de peindre ou de sculpter une tête de mort aux pieds du crucifix. »

Cette tradition, rapportée par tous ces saints docteurs, est bien vivante à Jérusalem, puisqu'immédiatement au dessous du lieu où fut plantée la croix, est une autre chapelle en forme de crypte et qu'on appelle *la chapelle d'Adam*. La procession ne s'y arrête pas, parce qu'elle n'a pour but que d'honorer les mystères de la passion et de la résurrection de Jésus-Christ; elle ne fait qu'une exception en l'honneur de sainte Hélène, parce que c'est elle qui a doté le monde du trésor de la vraie Croix et qu'elle a fait

---

[1] In cap. v. Isaïe.   [2] Serm. LXXI, *de tempore*.
[3] Ad Luc., XXIII.   [4] Panar. XLVIII.
[5] Joannes Molanus. lib. IV, *de picturis sac.*, LXXVIII.

bâtir l'auguste basilique du saint Sépulcre. Mais, nous enfants d'Adam, nous serait-il permis de nous agenouiller sur le Calvaire sans recueillir une tradition si honorable pour notre premier père et si consolante pour toute sa postérité? Ce n'est donc pas seulement en notre propre nom, c'est au nom d'Adam et de l'humanité tout entière qu'il faut chanter sur le Calvaire :

Lustris sex qui jam peregit, ℣
Tempus implens corporis,
Se volente, natus ad hoc,
Passioni deditus,
Agnus in crucis levatur
Immolandus stipite.

A l'âge de plus de trente ans, ayant accompli le temps de son existence terrestre, ce divin Agneau, né pour être notre rédempteur, et dévoué aux souffrances par sa propre volonté, est élevé sur l'autel de la croix, pour y être immolé.

Hic acetum, fel, arundo,
Sputa, clavi, lancea
Mite corpus perforatur;
Sanguis, unda profluit :
Terra, pontus, astra, mundus,
Quo lavantur flumine.

Il languit *ici* au milieu des outrages, abreuvé de fiel et de vinaigre ; ici les clous et la lance ont percé son corps sacré ; de son côté sont sortis l'eau et le sang : fleuve qui purifie la terre, la mer, les astres et le monde entier.

Heu! Salvator mundi pendet
In crucis patibulo,
Membra dire lacerata
Virgo mater aspicit.
Hinc, precamur, nobis, Pater,
Des felicem exitum. Amen.

Hélas ! contemplons, avec la Vierge sa mère, notre Sauveur suspendu sur le gibet de la croix; envisageons ses membres si cruellement déchirés. Nous vous en supplions, ô Père, sur ce mont sacré, daignez nous accorder une fin heureuse. Ainsi soit-il.

Antiphona. Erat autem fere hora sexta, et tenebræ factæ sunt in universam terram usque in horam nonam ; et obscuratus est sol, et velum

Antienne. C'était à peu près la sixième heure; les ténèbres se répandirent sur toute la surface de la terre jusqu'à la neuvième heure; le soleil fut obscurci, le voile du temple fut déchiré par le milieu ; templi scissum est medium ; et clamans voce magna Jesus ait : Pater, in manus tuas commendo spiritum meum. Et hæc dicens *hic* expiravit. et Jésus, jetant un grand cri, dit : Mon Père, je remets mon âme entre vos mains. Et disant ces paroles, il expira *ici*.

℣. Nous vous adorons, ô Christ, et nous vous bénissons.

℣. Adoramus te, Christe, et benedicimus tibi.

℟. Parce que, par votre sainte croix, vous avez ici racheté le monde.

℟. Quia per sanctam crucem tuam *hìc* redemisti mundum.

ORAISON.

ORATIO.

Seigneur, jetez un regard de compassion sur cette famille, pour laquelle Jésus-Christ Notre-Seigneur n'a pas hésité à se livrer entre les mains de ses bourreaux et à subir *ici* le cruel supplice de la croix. Lui qui vit et règne avec vous.

Respice, quæsumus, Domine, super hanc familiam tuam, pro qua Dominus noster Jesus Christus non dubitavit manibus tradi nocentium et crucis *hic* subire tormentum. Qui tecum vivit et regnat.

La procession descend ensuite l'escalier du Calvaire et se dirige vers *la pierre de l'onction,* qui se trouve entre cet escalier et le saint Sépulcre.

La pierre de l'onction, ainsi appelée parce qu'après la consommation de son sacrifice, le corps de Jésus y a été déposé pour y être embaumé, a toujours été en grande vénération auprès des habitants de Jérusalem et des pèlerins.

L'un de nos compatriotes, Guillaume, archevêque de Tyr [1], nous apprend qu'avant les croisades, on avait construit sur la *pierre de l'onction* une chapelle distincte des églises du Calvaire et du Saint-Sépulcre [2].

[1] Sa crosse est dans l'église Notre-Dame de Nantilly, à Saumur.

[2] Guil. Tyr, vIII, 3.

On l'avait dédiée à sainte Marie. Cette chapelle fut démolie quand on a réuni tous ces sanctuaires dans une même Eglise.

Après les croisades, de pieux souverains, Robert, roi de Sicile, et Sanche, son épouse, l'achetèrent à grands frais du sultan d'Egypte et la donnèrent aux Franciscains. C'était au XIVe siècle, sous le pontificat de Clément V. Au mépris de toute justice, jaloux d'un présent si précieux, les Géorgiens l'achetèrent de nouveau d'un empereur des Turcs, comme si elle n'eût pas été la propriété des enfants de saint François. Mais ceux-ci n'hésitèrent pas à la racheter au prix des plus grands sacrifices; et, pour la mieux conserver, ils la couvrirent d'une table de marbre de huit pieds de long sur deux de large. Nous croyons que c'est aux frais des différentes communautés chrétiennes que brûlent les huit ou dix lampes qui sont suspendues au dessous d'elle.

On chante encore devant cette sainte relique :

Pange, lingua, gloriosi Pretium certaminis; Et super crucis trophæum Dic triumphum nobilem : Qualiter Redemptor orbis Immolatus vicerit.	℟ Chantons, ma langue, le prix du glorieux combat ; célébrons le triomphe dont la croix est le glorieux trophée, et la victoire que le Rédempteur du monde remporta dans sa propre immolation.
Transit luctus in triumphum; Traxit ad se omnia Exaltatus ligno crucis. Mors tunc morsu corruit. Cedit princeps mundi hujus Dum hic Rex inungitur.	Le deuil se change en triomphe : le Christ, élevé sur le bois de sa croix, attire tout à lui. Sous les traits de son vainqueur, la mort est désormais impuissante; il s'enfuit le prince de ce monde, au mo-

ment même où ce Roi reçoit l'onction.

Où donc, ô mort, est ta victoire ?
où donc ton aiguillon ? La mort est
vaincue, terrassée, anéantie : pourquoi, Satan, cette fierté altière? Enlève les portes de l'abîme, le
Christ-Roi arrive dans la vertu de
sa puissance.

Pendant que Joseph et Nicodème
oignent *ici* le Sauveur, les démons
tremblent ; le Christ descend aux
enfers et leur enlève leur proie.
Enfer, n'as-tu pas senti la morsure
de ce glorieux triomphateur ?

L'échelle au sommet de laquelle
Jacob vit le Seigneur debout, la
pierre qu'il couvrit d'huile à son
réveil figuraient le Christ et sa
croix. Oui, la pierre, c'est le Christ
oint en ce lieu après sa mort.

Dès la naissance du Christ, s'annonce par des hommages la pieuse
onction de sa mort ; roi, il reçoit
de l'or en présent ; prêtre, de l'encens ; homme mortel, la myrrhe
de la sépulture.

Déjà s'accomplit l'oracle du prophète Daniel, qui annonçait que le
Christ effacerait l'iniquité par sa
mort ignominieuse, et que le Saint
des saints recevrait ici des onctions
après sa mort.

En ce moment, mêlons à nos

Ubi tua, mors, est palma ?
Tuus ubi stimulus ?
Mors absorpta victa jacet,
Cur, Satan, erigeris ?
Tolle portas, Rex, virtute
Sua Christus advenit.

A Joseph et Nicodemo
Qui dum *hic* inungitur,
Tremunt dæmones, descen-
　　dens
Prædam tulit tartari :
Morsus tuus est, inferne,
Triumphator gloriæ.

Scala quam videbat Jacob
In qua stabat Dominus,
Crucem Christi præsignabat
Cum petra quam unxerat ;
Christus autem erat lapis ;
Quem *hic* ungunt mortuum.

Ortus morti correspondet
Dum ungendus colitur ;
Dona regi dantur auro,
Sacerdoti thura,
Myrrha quoque datur ei
Quæ sepulcrum prænotat.

Jam prophetæ Danielis
Completur oraculum,
Ut probrosa morte Christi
Levetur iniquitas ;
Et sanctorum Sanctus ille
Hic ungatur mortuus.

Nunc plungamus hunc unc-

turi
Pietatis oleo ;
Cordis lacrymis ungamus,
Omnes Christum fervide
Cujus nomen mel est , dulcor
Et effusum oleum.

℣ gémissements la douce onction de la piété ; tous , brûlants d'amour, répandons sur le Christ les larmes du cœur : son nom a la douceur du miel, la saveur de l'huile la plus pure.

Te, precamur corde, Christe,
Quos unxisti gratia ,
Oleo baptismi natos ;
Salute perpetua ,
Ut nos tecum conregnemus
In æterna gloria. Amen.

O Christ , qui nous avez fait naître à la grâce par l'onction du baptême, nous vous en prions, accordez-nous le salut éternel, faites-nous régner pour toujours avec vous dans la gloire.

Antiphona.   Acceperunt Joseph et Nicodemus corpus Jesu , et ligaverunt illud *hic* linteis , cum aromatibus, sicut mos est Judæis sepelire.

Antienne. Joseph d'Arimathie et Nicodème prirent le corps de Jésus et l'enveloppèrent dans des linceuls avec des aromates, selon la coutume d'ensevelir, qui est ordinaire aux Juifs.

℣. Oleum effusum nomen tuum.

℣. Votre nom est comme une huile de senteur qu'on a répandue.

℟. Ideo adolescentulæ dilexerunt te.

℟. C'est pourquoi les vierges sacrées désirent vous suivre.

OREMUS.

PRIONS.

Domine Jesu Christe , qui in tuo sacratissimo corpore tuorum condéscendens devotioni fidelium , ut te verum Deum, Regem et Sacerdotem colerent, inungi *hic* ab eisdem permisisti : concede ut corda nostra, unctione gratiæ tuæ, valeant ab omni infectione peccati præservari. Qui vivis et regnas in sæcula sæculorum. Amen.

Seigneur Jésus-Christ, qui, pour condescendre à la piété des fidèles, avez permis que votre très-saint corps fût *ici* oint par eux, afin qu'ils reconnussent en vous le Dieu , le Roi et le Prêtre , faites que , par l'onction de votre grâce , nos cœurs soient à jamais préservés de l'infection du péché. Vous qui vivez et régnez dans les siècles des siècles. Ainsi soit-il.

A soixante-trois pieds de la *pierre de l'onction* est

le monument qui renferme le saint Sépulcre. Il se trouve sous la grande coupole de la basilique. C'est le sépulcre que Joseph d'Arimathie avait fait creuser pour lui dans le roc vif, tout auprès du Calvaire, et qu'il eut l'ineffable gloire de donner au Sauveur du monde. Jusqu'à Constantin, il resta enfoui sous terre, comme nous l'avons fait observer déjà. Quand il fut retrouvé, alors on découpa de tous les côtés le roc dans lequel il est creusé, de manière à laisser intact le vénérable tombeau, et ce tombeau fut renfermé par sainte Hélène dans la basilique qu'elle éleva en son honneur sur le lieu même. C'est sans contredit le plus riche ornement de cet auguste sanctuaire. Il a subi à l'extérieur plusieurs transformations : mais le tombeau lui-même est resté intact. Toute l'ornementation extérieure est en marbre jaunâtre. La longueur totale du petit monument a huit mètres de long ; sa largeur cinq, sa hauteur autant. Une galerie massive couronne le sommet.

« Pour le chrétien et le philosophe, dit un célèbre pèlerin [1] qui ne sera pas accusé de préventions favorables à la foi chrétienne, pour le moraliste ou l'historien, ce tombeau est la borne qui sépare deux mondes, le monde ancien et le monde nouveau. C'est le point de départ d'une idée qui a renouvelé l'univers, d'une civilisation qui a tout transformé, d'une parole qui a retenti sur tout le globe. Ce tombeau est le sépulcre du vieux monde et le berceau du nouveau. Aucune pierre ici-bas n'a été le fondement

---

[1] Lamartine.

d'un si vaste édifice ; aucune tombe n'a été si féconde ; aucune doctrine, ensevelie trois jours ou trois siècles, n'a brisé d'une manière aussi victorieuse, le rocher que l'homme avait scellé sur elle, et n'a donné un démenti à la mort par une si éclatante et perpétuelle résurrection.

» J'entrais à mon tour, et le dernier, dans le saint Sépulcre, l'esprit assiégé de ces idées immenses, le cœur ému d'impressions plus intimes qui restent mystère entre l'homme et son âme, entre l'insecte pensant et le Créateur. Ces impressions ne s'écrivent pas ; elles s'exhalent comme la fumée des âmes pieuses, avec les parfums des encensoirs, avec le murmure vague et confus des soupirs ; elles tombent avec les larmes qui viennent aux yeux au souvenir des premiers noms que nous avons balbutiés dans notre enfance, du père ou de la mère qui nous les a enseignés, des frères, des sœurs, des amis avec lesquels nous les avons murmurés. Toutes les impressions pieuses qui ont remué notre âme à toutes les époques de la vie, toutes les prières qui sont sorties de notre cœur et de nos lèvres au nom de Celui qui nous apprit à prier son Père et le nôtre, se réveillent au fond de l'âme et produisent, par leur retentissement, par leur confusion, cet éblouissement de l'intelligence, cet attendrissement du cœur qui ne cherchent pas de paroles, mais qui se résolvent dans des yeux mouillés, dans une poitrine oppressée, dans un front qui s'incline et dans une bouche qui se colle silencieusement sur la pierre du Sépulcre. »

Si tels sont, en face du saint Sépulcre, les sentiments de ceux qui recherchent encore la vérité, quels
ne doivent pas être les sentiments de ceux qui la pos-
sèdent dans toute sa plénitude et y adhèrent de cœur
et d'actions? O Sépulcre de mon Sauveur, que ne pou-
vons-nous redire à nos ouailles bien-aimées toutes les
pensées que tu as bien voulu nous inspirer pendant
l'heure entière où il nous a été donné de coller sur
toi et notre front et notre cœur! qu'elle a fui rapidement, cette heure privilégiée de notre vie!

Le mystère du Calvaire est un mystère de douleur;
mais celui qui s'opéra au saint Sépulcre est un mystère
plein de ravissement et d'espérance. Il n'est donc pas
étonnant que notre procession entonne alors un chant
de triomphe, auquel l'orgue vient prêter ses mélodieux
accents :

L'aurore commence à briller,	Aurora lucis rutilat,
le ciel retentit de louanges, le	Cœlum laudibus intonat,
monde fait entendre des cris de	Mundus exultans jubilat,
joie, l'enfer gémit et pousse des	Gemens infernus ululat.
hurlements.	
Alors ce Roi tout-puissant, bri-	Cum Rex ille fortissimus,
sant les chaînes de la mort et	Mortis confractis viribus,
foulant du pied le noir Tartare,	Pede conculcans tartara,
délivre les infortunés captifs.	Solvet a pœna miseros.
Celui qui était enfermé sous une	Ille qui clausus lapide
énorme pierre et gardé par des	Custoditur sub milite,
soldats, sort victorieux du tom-	Triumphans pompa nobili
beau, au milieu d'un triomphe	Victor surgit de funere.
sans égal.	
Cessez vos gémissements, met-	Solutis jam gemitibus

Et inferni doloribus,
Quia surrexit Dominus,
Resplendens clamat angelus.

Ôtez fin à vos douleurs, s'écrie un ange resplendissant, parce que le Seigneur est ressuscité.

Qæsumus, Auctor omnium,
Ad hunc sacratum tumulum
Ab omni mortis impetu
Tuum defende populum.

Auteur de tous les êtres, nous vous en supplions, défendez des dangers d'une mauvaise mort votre peuple prosterné devant ce tombeau sacré.

Gloria tibi, Domine,
Qui surrexit a mortuis,
Cum Patre et almo Spiritu,
In sempiterna sæcula. Amen.

Gloire à vous, Seigneur, qui êtes ressuscité d'entre les morts, avec le Père et le Saint-Esprit, dans les siècles des siècles.
Ainsi soit-il.

Antiphona. Dixit Angelus *hic* mulieribus : Nolite expavescere ; Jesum quæritis Nazarenum crucifixum : surrexit, non est hic : ecce locus ubi posuerunt eum. Alleluia.

Antienne. C'est *ici* que l'Ange dit aux saintes femmes : Ne craignez point ; vous cherchez Jésus de Nazareth, qui a été crucifié. Il est ressuscité ; il n'est pas ici. Voici le lieu où on l'avait placé. Alleluia.

℣. Surrexit Dominus de hoc sepulcro. Alleluia.

℣. Il est ressuscité de ce sépulcre. Alleluia.

℟. Qui pro nobis pependit in ligno. Alleluia.

℟. Le Seigneur qui a été suspendu pour nous sur le bois. Alleluia.

 OREMUS.

Deus, qui per triumphalem *hic* Unigeniti tui resurrectionem mundo salutis remedia contulisti, atque æternitatis nobis aditum devicta morte reserasti, vota nostra quæ præveniendo aspiras, etiam adjuvando, prosequere. Per eumdem Christum Dominum nostrum. Amen.

PRIONS

O Dieu, qui, par la résurrection triomphale de votre Fils unique qui s'est opérée *ici*, avez donné au monde les remèdes du salut, et nous avez rouvert la porte de la bienheureuse éternité, après avoir vaincu la mort, secondez par votre secours les vœux que vous nous inspirez en nous prévenant de votre grâce. Par le même Jésus-Christ Notre-Seigneur. Ainsi soit-il.

La procession ne se contente pas d'honorer le saint Sépulcre, elle veut encore honorer l'endroit où Notre-Seigneur apparut à Madeleine et à sa très-sainte Mère.

L'endroit le plus rapproché du saint Sépulcre est celui où il apparut à Madeleine. Des marbres incrustés dans le pavé indiquent l'endroit où se trouvait Jésus et où se trouvait Madeleine. Il n'y a pas cinq mètres entre les deux. Saint Jean, qui sans doute l'avait appris des lèvres de Madeleine, raconte ainsi cette scène touchante :

Marie était debout au saint Sépulcre, pleurant. Les anges lui dirent : Femme, pourquoi pleurez-vous ? Elle leur répondit : Parce qu'ils ont enlevé mon Seigneur, et je ne sais où ils l'ont mis. En disant cela, elle se retourna et vit Jésus debout; elle ne savait pas que c'était lui. Jésus lui dit : Femme, pourquoi pleurez-vous ? qui cherchez-vous ? Elle, croyant que c'était le jardinier, lui dit : Seigneur, si c'est vous qui l'avez enlevé, dites-moi où vous l'avez mis, et je l'emporterai. Jésus lui dit : Marie ! Et se retournant, elle lui dit : *Rabboni*, c'est-à-dire mon Maître. Jésus lui dit : Ne me touchez pas, car je ne suis pas encore monté vers mon Père [1]. »

Le Christ veut montrer à tous la gloire de son triomphe; mais les prémices de la joie appartiennent à ceux dont l'amour fut plus ardent.	Christi triumphum gloriæ Monstrare cunctis voluit, Sed prima ferunt gaudia Qui plus ardebant cæteris.
Madeleine le savait; aux premiers feux du jour, empressée,	Quod Magdalena noverat, Dum luce prima fervida

[1] Joan., xx, 11 et suivants.

Hinc inde currit saucia,
Christi amore languida.

Adstare non timet cruci,
Sepulcro inhæret anxía,
Truces nec horret milites;
Pellit timorem charitas.

Christum quem vivum for-
titer
Dilexit, quærit mortuum
Unguento unctum optimo
Quem unxit vivum pistico.

Hinc dulcia colloquia
Sui meretur Domini,
Dum hortulani habitu,
Me noli, dixit, tangere.

Jesu, dulce refrigerium,
Spes una te quærentium,
Per Magdalenæ meritum,
Peccati solve debitum. Amen.

Antiphona. Surgens autem Jesus mane prima sabbati, apparuit *hic* Mariæ Magdalenæ, de qua ejecerat septem dæmonia.

℣ Maria, noli me tangere.

℟. Nondum enim ascendi ad Patrem meum.

OREMUS.

Beatæ Mariæ Magdalenæ,

elle court çà et là, le cœur blessé d'amour pour Jésus.

Elle ne craint pas de se tenir aux pieds de la croix; dans les angoisses de la douleur, elle reste immobile près du tombeau, sans être effrayée par les farouches soldats; l'amour chasse la crainte.

Le Christ que, vivant, elle aima d'un si brûlant amour, mort, elle le cherche; elle demande celui que, vivant, elle arrosa de précieuses essences, celui qu'au tombeau ses mains embaumèrent et couvrirent de parfums.

Tant d'amour lui mérite ces douces paroles de son Seigneur sous les habits d'un jardinier : Marie, ne me touchez pas.

Jésus, le doux rafraîchissement de nos âmes, l'unique espérance de ceux qui vous cherchent, au nom du pieux amour de Madeleine, remettez-nous la dette de nos péchés Ainsi soit-il.

Antienne. Après être ressuscité, le premier jour après le sabbat, dès le matin, Jésus apparut *ici* à Marie-Madeleine, de laquelle il avait chassé sept démons.

℣. Marie, ne me touchez pas.

℟. Car je ne suis pas encore monté vers mon Père.

PRIONS

O Seigneur Dieu, que nous

soyons aidés de la puissante intercession de la bienheureuse Marie-Madeleine; car non-seulement c'est à ses prières que vous avez bien voulu ressusciter son frère Lazare mort depuis quatre jours, mais encore vous avez daigné ici vous montrer vivant à elle après votre résurrection. Vous qui vivez et régnez dans les siècles des siècles. Ainsi soit-il.

quæsumus, Domine Deus, suffragiis adjuvemur, cujus precibus non solum quatriduanum fratrem resuscitasti, sed te Dominum post resurrectionem *hic* vivum ostendisti. Qui vivis et regnas in sæcula sæculorum. Amen.

Enfin, la procession rentre dans la chapelle d'où elle était partie. C'est sa dernière station. On l'appelle là chapelle *de l'apparition de la sainte Vierge*, parce que c'est là que Notre-Seigneur apparut à la sainte Vierge après sa résurrection. Les saintes Ecritures n'en parlent pas ; mais nous savons que la sainte Ecriture elle-même suppose les traditions qui la complètent. Saint Jean n'a-t-il pas dit « que si l'on devait rapporter tout en détail, il ne croyait pas que le monde entier pût contenir les livres qu'on en écrirait[1] ? » Et si Notre-Seigneur apparut à Madeleine parce qu'elle l'avait beaucoup aimé, à plus forte raison dut-il apparaître à sa sainte Mère, qui, dans l'amour qu'elle portait à son Fils, surpassait non-seulement toutes les créatures, mais encore tous les chérubins et les séraphins. C'est ce que dit sainte Thérèse dans une de ses révélations : « Il plut à Notre-Seigneur de me révéler que, dès le premier instant de sa résurrection, il s'était montré à sa mère, qui, sans cette visite,

---

[1] Joan., XXI, 25.

n'aurait pas manqué de succomber à son martyre ; que la douleur avait tellement transpercé son âme, qu'elle avait eu besoin de temps pour revenir à elle avant de pouvoir goûter une telle joie ; enfin, qu'il était resté longtemps auprès d'elle, parce que cela avait été nécessaire [1]. »

La chapelle de Notre-Dame-de-l'Apparition appartient aux Latins. C'est là qu'ils font leur office.

Commencée sous les auspices du saint Sacrement, la procession s'y termine sous les auspices de la sainte Vierge, comme l'attestent les dernières hymnes et les dernières prières :

Jesum Christum crucifixum Ob peccatorum crimina, Hunc vidisti et flevisti, O gloriosa Domina.	O glorieuse Reine ! vous avez vu Jésus-Christ, qui avait été crucifié pour les crimes des hommes, et vous avez pleuré.
Victa nece, fracta lethe, Splendor paternæ gloriæ, Gaude, vivens, venit splen- dens, Jam lucis orto sidere.	Réjouissez - vous ; après avoir vaincu la mort et triomphé de l'enfer, dès le point du jour, splendeur de la gloire de son Père, il nous apparaît vivant et resplendissant.
Morti datum suscitatum Salutis cernis luctibus. Unde pontus, astra, mundus, Exultet cœlum laudibus.	Plus de larmes ; voyez - vous ressuscité celui qui a bien voulu mourir pour nous ? La mer, les astres, le monde retentissent de louanges d'un si glorieux mystère.
Hinc immensas psallat odas Omnis sacratæ Triadi, Quæ nos ducat et inducat	Oui, le monde entier chante un immense cantique d'actions de grâces à la sainte Trinité. Qu'elle

____
[1] *Vie de sainte Thérèse,* écrite par elle-même.

nous conduise et nous introduise dans la salle où l'Agneau sans tache célèbre la Cène avec ses élus ! ℣ Ad cœnam Agni providi. Amen.

La pieuse assemblée chante ensuite les Litanies de la sainte Vierge, après lesquelles elle reprend :

Réjouissez-vous, Vierge, Mère du Christ, Celui que vous avez vu condamné est ressuscité comme il l'avait dit.

Les chantres.

Gaude, Virgo Mater Christi, Condemnatum quem vidisti,

Le chœur.

Resurrexit sicut dixit.

Réjoussez-vous, Lumière des lumières, Celui que vous avez vu percé de clous est ressuscité comme il l'avait dit.

Les chantres.

Gaude, lumen claritatum, Quem vidisti conclavatum,

Le chœur.

Resurrexit sicut dixit.

Réjouissez-vous, Mer de douleurs, Celui que vous avez vu expirer est ressuscité comme il l'avait dit.

Les chantres.

Gaude, magnum fletus mare, Quem vidisti expirare,

Le chœur.

Resurrexit sicut dixit.

Réjouissez-vous, Fleur d'une odeur merveilleuse, Celui que vous avez vu ensevelir est ressuscité comme il l'avait dit.

Les chantres.

Gaude, flos odoris miri, Quem vidisti sepeliri,

Le chœur.

Resurrexit sicut dixit.

Réjouissez-vous, auguste Mère du Christ, Celui que vous avez vu glorieux est ressuscité comme il l'avait dit. Alleluia, alleluia, alleluia.

Les chantres.

Gaude, Mater alma Christi. Gloriosum quem vidisti,

Le chœur

Resurrexit sicut dixit. Alleluia, alleluia, alleluia.

℣. Gaude et lætare, Virgo
Maria ! Alleluia.

℟. Quia surrexit Dominus
vere. Alleluia.

OREMUS.

Deus, qui per resurrectionem Filii tui Domini Jesu
Christi mundum lætificare
dignatus es, præsta, quæsumus, ut per ejus Genitricem
Virginem Mariam perpetuæ
capiamus gaudia vitæ. Amen.

℣. Livrez-vous aux transports de
joie, ô Vierge Marie! Alleluia.

℟. Parce que Notre-Seigneur est
vraiment ressuscité. Alleluia.

PRIONS

O Dieu, qui, par la résurrection
de Notre-Seigneur Jésus-Christ
votre Fils, avez daigné réjouir le
monde, faites, nous vous en prions,
que, par sa sainte Mère, la Vierge
Marie, nous participions aux joies
de la vie éternelle. Ainsi soit-il.

Et encore :

O gloriosa virginum,
Sublimis inter sidera,
Qui te creavit parvulum
Lactente nutris ubere.

O la plus glorieuse des vierges,
élevée au dessus de tous les astres,
vous nourrissez dans votre sein
virginal le tendre Enfant qui vous
a créée.

Quod Eva tristis abstulit
Tu reddis almo germine :
Intrent ut astra flebiles,
Cœli recludis cardines.

Vous nous rendez, par votre
auguste Enfant, les priviléges dont
Eve nous avait privés ; vous ouvrez
les portes du ciel, afin que nous
puissions y être admis

Tu Regis alti janua,
Et aula lucis fulgida.
Vitam datam per Virginem,
Gentes redemptæ, plaudite.

Vous êtes vous-même la Porte
du palais du grand Roi ; vous
formez sa brillante cour. Nations
rachetées, applaudissez : c'est par
cette Vierge pure que la vie vous
est rendue.

Jesu, tibi sit gloria,
Qui natus es de Virgine,
Cum Patre et almo Spiritu,
In sempiterna sæcula. Amen.

O Jésus, né d'une Vierge, soyez
glorifié avec le Père et le Saint-
Esprit, dans toute la suite des
siècles. Ainsi soit-il.

On voit que la pieuse assistance a peine à se séparer des souvenirs de la sainte Vierge. Ce sont des fils qui s'attachent aux pas de leur mère et ne veulent pas la quitter. Viennent ensuite de touchantes oraisons pour le souverain Pontife, les rois chrétiens, la famille franciscaine, le cardinal protecteur de l'ordre, les prélats de l'Eglise; pour ceux qui naviguent; pour la conversion de Jérusalem, la fertilité des biens de la terre, l'éloignement de la peste, du glaive et de la famine; pour tous les peuples chrétiens et les fidèles vivants et morts. Les Franciscains récitent ces prières à genoux, les bras étendus en croix. Les pèlerins se retirent ensuite en silence, le cœur plein d'impressions ineffables.

Que vous en semble? n'est-ce pas un petit pèlerinage dans un grand pèlerinage? Et quand on pense que ce petit pèlerinage autour du saint Sépulcre se renouvelle non pas une fois par an, ni même une fois par mois, et par semaine, mais tous les jours, à la même heure, ces hommages, pour ainsi dire perpétuels, ne mettent-ils pas, même humainement parlant, entre le tombeau de Jésus-Christ et tous les autres tombeaux du monde, quelque glorieux qu'ils soient d'ailleurs, une distance incommensurable, et ne nous donnent-ils pas le droit de nous écrier une fois de plus : *Et erit sepulcrum ejus gloriosum?*

Pendant notre pèlerinage de Terre-Sainte, combien vivement nous aurions désiré vous avoir à nos côtés pour vous en expliquer verbalement les merveilles! Mais puisque nous n'avons pas eu ce bonheur, qu'il soit permis au père de la grande famille créole de verser dans le cœur de ses enfants bien-aimés les sentiments qu'il a rencontrés sur sa route. C'est du moins un léger dédommagement des cruelles épreuves auxquelles il a été soumis. Et quel temps plus propice à ces pieuses confidences que le saint temps de carême, qui, dans l'esprit de l'Eglise, est destiné à ramener dans les cœurs chrétiens les touchants souvenirs de la passion et de la résurrection de notre adorable Sauveur?

Que ces religieuses considérations nourrissent notre foi et notre piété! qu'elles nous portent à nous attacher de plus en plus à la dévotion fondamentale du Chemin de la Croix, surtout les vendredis de carême; à assister chaque jour à la sainte messe, puisque cet adorable sacrifice est le même que celui de la croix; à nous unir surtout d'une manière plus intime à la divine Victime dans la sainte communion, afin qu'après avoir, au milieu des tristesses et des adversités de cette vie, mis en pratique les leçons d'humilité et de patience que Jésus nous donne dans sa passion, nous méritions de passer de ses bras ensanglantés sur le Calvaire dans ses bras glorieux dans le ciel!

CHAPITRE IV

Du bois sacré de la Croix.

Restez avec moi au pied du Calvaire, Chrétiens pieux
et fidèles, et étudions ensemble l'histoire de la Croix
qui fut plantée à son sommet et sur laquelle Jésus a
rendu le dernier soupir. En suivant, à travers les âges,
les diverses circonstances par lesquelles a passé l'Arbre
du salut, nous sommes certain d'aviver par là dans
vos cœurs votre affection déjà si grande pour la Croix.

Vous le savez, pendant trois siècles les empereurs
païens essayèrent de noyer la religion chrétienne dans
le sang de ses enfants. Ce ne fut qu'après ce long
espace de temps passé dans les douleurs de la persécution que l'Eglise sortit des ténèbres des catacombes,
comme son divin Fondateur s'était élancé de la tombe
trois jours après sa mort.

La Croix semble avoir participé à cette ignominie de trois siècles, pour briller ensuite d'un vif éclat et devenir elle-même le symbole de la gloire.

La Croix, en effet, sur laquelle Jésus est mort, fut, comme nous l'avons dit, enlevée du Calvaire aussitôt que le corps du Sauveur en eût été détaché.

Est-ce par les soins de Joseph d'Arimathie et des autres disciples de Jésus-Christ que la Croix fut enlevée du lieu où les Juifs l'avaient posée pour le crucifiement? est-ce, au contraire, par l'ordre des ennemis du Sauveur?

Les traditions de la ville sainte sont en faveur du premier sentiment. Dans cette supposition, pendant que Joseph d'Arimathie rendait les derniers devoirs au divin Crucifié, ses nombreux serviteurs s'occupaient à placer en lieu sûr la Croix toute fumante encore de son sang. Il est à cnoire, en effet, que si Joseph d'Arimathie obtint de Pilate le corps de Jésus [1], à plus forte raison a-t-il pu obtenir le principal instrument de sa Passion. On montre, non loin du tombeau du Sauveur, la grotte où ce bois sacré aurait élé recueilli. Elle fut, aussitôt après, changée en une chapelle, qu'on appela *Chapelle du Titre de la Croix*, parce que le titre était encore attaché à la Croix même. C'est aujourd'hui la *Chapelle de Saint-Longin*, du nom du soldat romain qui perça le côté de Jésus du fer de sa lance, et qui, témoin des grands miracles arrivés au moment de la mort du Sauveur, descendit du Calvaire en se frappant la poitrine, avec beaucoup d'autres, et

---

[1] Marc., xv, 43.

en s'écriant : « Celui-ci était bien vraiment le Fils de Dieu ! *Vere Filius Dei erat iste* [2] ! »

Il est facile alors de se figurer avec quel bonheur les premiers fidèles et les apôtres eux-mêmes venaient prier au pied de ce bois sacré, plus riche, à leurs yeux, que tous les trésors du monde, y coller leurs lèvres et leurs cœurs et l'arroser des larmes qui coulaient au souvenir de leurs péchés. En le voyant, ne devaient-ils pas se rappeler l'histoire entière de la Passion, revoir par la pensée la Victime du Calvaire, Jésus, doux, patient, invincible jusqu'au sein des plus affreuses tortures, et se rappeler les dernières paroles qu'il prononça du haut de cette chaire vraiment céleste, et que tous les évangélistes ont recueillies précieusement, comme l'expression de sa tendresse infinie et de son dévouement sans bornes pour nous ? Dans cette opinion si consolante, la vraie Croix aurait été honorée à Jérusalem d'un culte public jusqu'à l'empereur Adrien, c'est-à-dire pendant près d'un siècle.

Alors, en effet, pour en finir avec les révoltes continuelles des Juifs, cet empereur, comme autrefois Titus, vint en Judée à la tête des légions romaines, et subjugua entièrement le pays. Il rasa les fortifications de Jérusalem et lui enleva jusqu'à son nom pour lui donner le sien. En signe de mépris pour ses habitants, il fit graver sur la porte la plus fréquentée de la ville un pourceau, qu'ils regardaient comme un animal immonde, et dont il leur était défendu, par la loi de Moïse, de manger la chair.

---

[1] Matth., xxvii, 54.

Comme nous l'apprend l'un des plus illustres pèlerins de la terre sainte, saint Jérôme, ce fut cet empereur qui fit placer une statue de Vénus sur le Calvaire, de Jupiter sur le saint Sépulcre, et d'Adonis sur la crèche de Bethléem. « Depuis l'empereur Adrien jusqu'à Constantin, écrit saint Jérôme à Paulin, les païens ont adoré l'idole de Jupiter au lieu où Jésus est ressuscité. Ils ont rendu le même culte à une statue de marbre qu'ils avaient dédiée à Vénus, sur la roche où la Croix a été plantée. Les ennemis déclarés du nom chrétien s'imaginaient qu'en profanant les lieux saints par un culte idolâtrique, ils pourraient abolir la foi dans la mort et la résurrection de Jésus-Christ. Il avait aussi consacré un bois à Adonis proche la ville de Bethléem, ce lieu le plus auguste de l'univers, dont le Prophète-roi a dit : *La vérité est sortie de ta terre ;* et l'on pleurait le favori de Vénus dans la crèche, où l'on avait entendu les premiers vagissements de Jésus enfant [1]. »

Or, ç'aurait été ce sacrilége empereur qui, poussant la haine du nom chrétien jusqu'au paroxysme de la folie, aurait déchargé sa fureur impie non-seulement sur les lieux les plus sacrés de l'univers, mais jusque sur le bois de la Croix du Sauveur. Ayant appris qu'elle existait, il l'aurait fait rechercher, et après l'avoir découverte, jeter avec mépris dans la fosse où se trouvaient déjà les deux autres croix, et recouvrir ensuite de pierres, de décombres de toute espèce et d'immondices, pour la dérober à jamais aux regards des chrétiens.

---

[1] Lettre XXVII.

Voilà la tradition de la ville sainte. Mais, encore une fois, ce n'est qu'une tradition.

Nous n'oublions pas qu'il en est une autre qui soutient que, dès le jour même de sa sépulture, la Croix de Jésus-Christ fut jetée avec les deux autres dans cette même fosse, et qu'ainsi elle aurait été ravie dès lors à la vénération des premiers Chrétiens de Jérusalem.

Il n'a pas plu à l'Esprit-Saint de nous apprendre dans l'Evangile ce qu'est devenue la Croix de Jésus après sa mort. D'autre part, l'Eglise ne s'est pas prononcée sur cette importante question. Nous ne pouvons donc qu'imiter sa réserve, et répéter ici ce sage axiome que nous ont transmis les anciens docteurs de l'Eglise : « Dans les choses de foi, unité ; dans les douteuses, liberté : *In necessariis, unitas ; in dubiis, libertas.* »

Mais, si nous n'avons pu suivre jusqu'ici pas à pas, et d'une manière certaine, la Croix de Jésus-Christ, nous allons la retrouver d'une façon qui exclut tout doute, toute probabilité, et pour ne plus la perdre de vue.

Ce fut l'an 326 de l'ère chrétienne, cent quatre-vingts ans après Adrien, la vingt-unième année du règne de Constantin, un an après le concile général de Nicée, que la vraie Croix fut rendue aux hommages et à la vénération du monde chrétien.

C'est alors que la mère du grand Constantin ne craignit pas de se dérober aux délices de la cour impériale, et de se rendre en pèlerinage aux saints Lieux. Depuis sa conversion au christianisme opérée par les soins de Constantin lui-même, cette illustre

impératrice semblait dominée par une idée fixe, celle
de retrouver la vraie Croix. Elle demandait à Dieu de
ne pas fermer les yeux à la lumière du jour avant de les
avoir reposés sur ce bois adorable. « Arrivée à Jérusalem, écrit saint Paulin, la pieuse impératrice s'informe avec empressement de tout ce qui peut favoriser
ses recherches. Elle consulte les plus habiles des Chrétiens et même des Juifs : tous s'accordent sur le lieu
qu'elle désire connaître. Vivement frappée de ce concert unanime, et sans doute aussi de la révélation
qu'elle avait reçue d'en haut, elle ordonne aussitôt
des fouilles dans le lieu qui lui a été indiqué [1] »

Si sainte Hélène n'avait négligé aucun des moyens
humains pour réussir dans son pieux projet, à plus
forte raison devons-nous croire qu'elle n'avait omis
aucun des moyens divins, telles que prières publiques
et privées, jeûnes et communions. On montre encore
à Jérusalem l'endroit où elle priait à genoux, le
front prosterné contre terre, et l'arrosant de larmes
abondantes, pendant que le bruit des instruments
de travail retentissait à ses oreilles, et que les soldats, mêlés aux citoyens, ouvraient le sol en tous
sens.

Ces fouilles sont couronnées de succès.

Une multitude de spectateurs était avec elle, dans
l'attente de l'événement, lorsque les trois croix apparaissent à leurs yeux. On aperçut aussi la tablette de
bois sur laquelle Pilate avait écrit le titre de la royauté
de Jésus-Christ ; mais comme elle s'était détachée de la

____
[1] Epist. xi, t. IV. Biblioth. vet.

Croix où elle se trouvait ; on ne savait plus à laquelle
elle appartenait.

Un savant géographe hollandais, qui avait accueilli
cette autre tradition à Jérusalem, comme nous l'avons
recueillie nous-même deux siècles après lui , raconte
qu'au moment où la Croix apparut, la roche du Calvaire tressaillit d'un mouvement surnaturel, comme à
l'époque de la mort du Sauveur , et que l'air fut parfumé d'une odeur telle qu'en répandent les aromates
les plus exquis [1] .

Dans sa profonde reconnaissance pour un bienfait
après lequel elle soupirait si ardemment , sainte Hélène
transforma en chapelle le lieu où la Croix fut découverte. Et aujourd'hui encore, dans cette modeste chapelle , sur l'autel adossé au mur, les intrépides enfants
de saint François, chaque année , le 3 mai, célèbrent
solennellement l'office de l'Invention de la sainte
Croix.

Cette chapelle a toujours été en grande vénération,
soit auprès des Catholiques, soit auprès des Grecs
schismatiques. Des lampes y brûlent jour et nuit. On
est quelquefois incertain du lieu précis où s'est passé
tel ou tel événement. Ici rien de pareil. La ville sainte
n'a jamais montré d'autre lieu ou ait été trouvée la
vraie Croix. Aussi la chapelle porte-t-elle le nom de
l'Invention de Sainte-Croix.

De cette étroite chapelle, on remonte par quelques
marches dans celle plus vaste *de Sainte Hélène.* On y
trouve deux autels consacrés, l'un à sainte Hélène ,

[1] Andrichomius. *Vet. Hyeros. Descriptio.*

l'autre au bon larron. Au-dessus de l'autel de Sainte-
Hélène est une vieille peinture représentant la sainte
impératrice , le visage rayonnant , et tenant à la main
la croix comme un sceptre royal. A sa gauche, à genoux , est un vieillard qui lui indique du doigt l'endroit où avait été enfoui l'étendard de notre salut.

L'un des historiens grecs les plus anciens et les plus
estimés fait mention de ce même vieillard : « Un vieillard juif, ainsi que plusieurs l'affirment, instruit par
un écrit qui lui venait de ses aïeux, indiqua le lieu où
avait été cachée la Croix ; mais, ajoute fort sensément
cet historien, on est plus dans le vrai en soutenant que
le Dieu très-grand et très-miséricordieux a daigné indiquer lui-même ce lieu par des signes évidents et des
inspirations particulières. Or, les choses divines, à mon
avis , n'ont nullement besoin d'indications humaines
lorsqu'il plaît à Dieu d'en donner lui-même connaissance [1]. «

On croit que ce même vieillard, Juif très-ardent
dans la foi, et qui portait un nom malheureux , Judas ,
éprouva la vertu miraculeuse de la Croix , comme autrefois le soldat romain qui perça le côté de Jésus du
fer de sa lance, et que c'est lui qui prit le nom de Cy-
riaque sur les fonts du baptême, et devint ensuite
évêque de Jérusalem, comme le raconte, dans son
histoire, saint Grégoire de Tours [2]. C'est pour cette
raison qu'on ne l'a pas oublié dans la vieille peinture
de l'autel de Sainte-Hélène.

Comme les trois croix trouvées par sainte Hélène

[1] Sozom., lib. II, cap. i.   [2] Hist., lib. I, cap. xxxvi.

étaient sans doute du même bois et de même façon, comment a-t-on pu distinguer des deux autres celle qui appartenait à notre divin Sauveur?

Ici, nous laissons la parole aux historiens contemporains, dont plusieurs ont été témoins oculaires des faits qu'ils racontent. Nous savons que ces témoignages ne plairont pas à une certaine critique contemporaine qui ne veut plus croire qu'aux phénomènes de la nature, et que le seul mot de *surnaturel* effarouche et révolte. Mais, comme nous avons l'insigne honneur d'être ministre de l'Evangile ¡ dont chaque page est marquée au cachet du surnaturel le plus sublime; que le Christ était hier, qu'il est aujourd'hui, qu'il sera demain, et que son bras n'est pas plus raccourci dans un siècle que dans un autre; nos rêveurs modernes nous permettront bien de ne pas nous laisser effrayer de leurs objections, et d'aborder notre sujet de front; aussi bien, parce qu'un fou se met un bandeau sur les yeux et s'écrie que le soleil n'existe pas, sa folie deviendra-t-elle contagieuse, et l'astre du jour cessera-t-il pour cela d'éclairer l'univers ?

Un de ces historiens, célébres dens l'Église, nous apprend que la pieuse impératrice, ne sachant comment, parmi ces trois croix, reconnaître celle du Sauveur, alla consulter humblement l'évêque de Jérusalem. « Le très-saint et très-pieux Macaire, dit Théodoret, pour chasser le doute de tous les esprits, eut recours à ce moyen : Il y avait dans la ville une femme noble en proie à une longue et douloureuse maladie ; il approche d'elle successivement chacune de ces croix, tout en adressant au Ciel de ferventes prières , et découvre aisément la toute-puissance de la Croix du Sauveur Jésus ; car, aussitôt que la malade a senti l'attouchement du bois sacré , tout à coup elle recouvre une santé parfaite [1]. »

Un autre historien du même temps raconte le même fait et nous apprend quelle fut la prière du saint évêque de Jérusalem : « Dans ce temps-là, il y avait à Jérusalem une femme bien connue de la ville entière, réduite à la dernière extrémité par une maladie grave. Ce fut vers sa maison que s'acheminèrent l'évêque et l'impératrice avec les croix nouvellement découvertes. S'approchant du lit de la moribonde et s'agenouillant, l'évêque s'écria : Dieu tout-puissant, qui avez daigné sauver le genre humain par le supplice de la croix , que votre Fils unique a enduré, et qui avez allumé dans le cœur de votre servante l'ardent désir de retrouver l'instrument sacré auquel a été suspendu le salut du monde, faites-nous connaître d'une manière évidente laquelle de ces trois croix a servi au triomphe de notre Sauveur , et permettez que cette femme expirante, ici couchée, revienne des portes de la mort à la vie aussitôt que le bois salutaire l'aura touchée. » Le saint évêque approche alors successivement les trois croix de la malade. Les deux premières la laissent insensible. A l'attouchement de la dernière la guérison est instantanée ; de telle sorte qu'à la vue de la nombreuse assistance, elle se mit à parcourir sa mai-

[1] Théodor., lib. I, cap. xxiii.

son, louant et glorifiant Dieu, et aussi robuste que si jamais la maladie ne l'avait visitée [1]. «

C'est encore ce qu'attestent les historiens grecs Socrate [2], Sozomène [3], Nicéphore [4].

C'est aussi l'enseignement, bien autrement imposant, de l'Eglise catholique tout entière, dans l'office qu'elle a composé pour la fête de l'*Invention de la sainte Croix*. « Quand la mère de Constantin, lisous-nous dans cet office, eut fait enlever les décombres sous lesquels ces croix étaient ensevelies, elles apparurent toutes les trois. Le titre de la Croix du Sauveur était à part. Alors, comme on ne savait à laquelle de ces croix il appartenait, un miracle éclatant dissipa les doutes. Car Macaire, évêque de Jérusalem, après avoir adressé à Dieu de ferventes prières, fit toucher successivement chacune de ces croix à une femme dangereusement malade. Les deux premières ne produisirent sur elle aucun effet. L'attouchement de la troisième la guérit subitement. »

C'est peu : saint Paulin [5] et les docteurs déjà cités nous disent encore que, le même jour, l'évêque de Jérusalem rencontre un mort qu'une grande foule accompagne au cimetière. Inspiré d'en haut, il arrête ceux qui le portent. Il renouvelle sur le cadavre l'épreuve qu'il a déjà tentée sur la malade. Aussitôt que la croix du Sauveur a touché ce cadavre, la mort épouvantée rend sa victime ; et comme autrefois

---

[1] Ruffin. *Addit. ad hist. Euseb.*, cap. III.

[2] Lib. I, cap. xiii.   [3] Lib. II, cap. i.

[4] Lib. VIII, cap. xxix.   [5] Epis. xi, *ad Sever*.

le fils unique de la veuve de Naïm, le défunt se lève et chante les louanges du divin. Ressuscité : *Et resedit qui erat mortuus, et cœpit loqui*[6].

C'est aussi ce que semble indiquer l'Eglise quand elle chante, dans l''office' de la fête de l'*Invention de la sainte Croix* : « Au contact de la Croix du Sauveur les morts ressuscitent, et les magnificences de Dieu sont révélées par eux : *Ad Crucis contactum resurgunt mortui, et Dei magnalia reserantur*[2]. »

A l'endroit même où s'est opérée cette résurrection, dit un saint docteur de l'Eglise, les fidèles ont érigé une colonne destinée à en perpétuer *éternellement* le souvenir[3]. Hélas, sur la terre, il n'y a rien d'*éternel*. Le monument a disparu ; le souvenir seul est resté.

Quoi qu'il en soit, c'est évidemment à ces grands prodiges que l'empereur Constantin fait allusion, lorsqu'il écrit à saint Macaire « que, dans l'Invention de la sainte Croix, la foi chrétienne a été raffermie par des miracles nouveaux : *Novis miraculis fidem esse declaratam.* » Il ne dit pas au singulier par un nouveau miracle, *novo miraculo*, mais au pluriel, *par de nouveaux miracles*, parce qu'il est certain qu'à cette occasion, et pour honorer l'instrument du salut du monde, Dieu daigna en opérer un grand nombre : *novis miraculis fidem esse declaratam*[4].

Grâce à ces miracles, il fut aussi aisé de distinguer

<hr>

[1] Luc., VII, 15.   [2] 2e vers. du 2e noct.

[3] Beda. *De Loc. sanct.*, cap. III.

[4] Euseb. *De Vita Const.*, lib. III.

la Croix de Jésus, au milieu des deux autres, que le soleil au milieu des astres du firmamont.

Dans sa lettre à Constance, fils de Constantin, saint Cyrille, second successeur de saint Macaire sur le siége de Jérusalem, et sans doute, comme lui, témoin des miracles opérés à l'époque de l'invention de la sainte Croix, parle d'un autre miracle arrivé de son temps dans la ville sainte, et qui rend à la Croix de Jésus-Christ un témoignage tout aussi éclatant que ceux dont nous venons de parler. « Du temps de Constantin, votre père, lui dit-il, d'heureuse mémoire, le bois salutaire de la Croix fut trouvé à Jérusalem. Dieu daigna aussi accorder à sa foi le précieux avantage de découvrir le saint Sépulcre, caché sous les monuments dont le paganisme l'avait comme enseveli. De notre temps, très-pieux empereur qui surpassez vos aïeux en piété envers Dieu, les miracles ne viennent plus seulement de la terre, mais du Ciel. Car, pendant les saints jours de la Pentecôte, aux nones de mai, vers l'heure de tierce, une grande croix lumineuse a paru au-dessus de la montagne de Golgotha jusqu'à la montagne sainte des Oliviers, et s'est montrée très-clairement, non pas à une ou deux personnes, mais à tout le peuple de la ville. Ce n'a pas été, comme on pourrait le penser, un phénomène passager. Il a subsisté pendant plusieurs heures, visible aux yeux, plus éclatant que le soleil, dont la lumière l'aurait effacé, si la sienne n'eût été plus forte. Aussitôt, tout le peuple de la ville étant accouru à l'église avec une crainte mêlée de joie, les jeunes gens et les vieillards, les hommes et les femmes, les chrétiens du pays et les étrangers., les païens eux-mêmes, tous, d'une voix unanime, louaient Notre-Seigneur Jésus-Christ d'un pareil prodige, voyant par expérience que la très-pieuse doctrine des Chrétiens n'est pas appuyée sur les discours de la sagesse humaine, mais sur les effets sensibles de l'Esprit-Saint et de la puissance de Dieu, et que Dieu, du haut du ciel, se plaît à lui rendre continuellement témoignage [1]. »

Maintenant qu'est devenue la vraie Croix après sa découverte par sainte Hélène ?

Pour faire partager ses transports de joie au vicaire de Jésus-Christ sur la terre, et à l'empereur son fils, la sainte impératrice partagea la vraie Croix en trois parts.

La plus considérable fut renfermée dans un étui d'argent, et destinée à l'église du Saint-Sépulcre à Jérusalem.

L'autre part fut envoyée à la capitale du monde chrétien. Là, sur l'emplacement même des jardins d'Héliogabale et d'Alexandre Sévère, le premier empereur chrétien fit bâtir une vaste basilique pour la recevoir d'une manière digne d'elle. Elle s'appelle, pour cette raison, la basilique de *Sainte-Croix de Jérusalem*. De chaque côté et au-dessus du grand autel, de magnifiques fresques, dues au pinceau d'un des plus grands peintres de l'Italie, représentent au naturel les merveilleuses scènes de l'*Invention de la sainte Croix*.

___

[1] Dom Cellier. *Hist. gén. des auteurs sacrés*, t. vi, p. 538.

Cette portion de la vraie Croix est encore vénérée tous les jours dans une chapelle de l'auguste basilique.

Sainte Hélène réserva la troisième part pour son fils Constantin. L'empereur la reçut avec tous les honneurs qui lui étaient dus, et la conserva religieusement dans la chapelle de son palais de Constantinople.

Depuis plus de deux siècles, la portion de la vraie Croix la plus importante de toutes, celle du saint Sépulcre, recevait paisiblement les hommages de tous les pèlerins qui, des quatre coins du monde, affluaient à Jérusalem, lorsque Chosroës II, roi de Perse, profitant de la faiblesse de l'empire romain, tiraillé en tous sens par des divisions intestines et les changements continuels de ses souverains, fondit tout à coup sur lui comme le vautour sur sa proie. Après avoir mis tout à feu et à sang dans ses provinces d'Orient, il s'avança jusqu'aux portes de Constantinople. Héraclius, qui venait de revêtir la pourpre, demande la paix au farouche vainqueur. Mais celui-ci, enflé de ses victoires, la refuse insolemment. La plume se refuse à décrire les horreurs que Chosroës commit dans les principales villes de ces provinces et surtout à Jérusalem. Il emmena en captivité les prêtres, les religieux et le patriarche de la ville sainte. Mais ce qui, au milieu d'un si grand désastre, affligea le plus la chrétienté tout entière, c'est qu'il ne craignit pas de porter sur la vraie Croix une main sacrilége, de l'arracher de l'église du Saint-Sépulcre et de la traîner à sa suite, en rentrant dans ses Etats

comme l'un des plus brillants trophées de ses victoires.

Alors Héraclius, pour obtenir la paix, se résout
aux plus humiliants sacrifices. Mais Chosroës répond :
« Les Romains n'ont pas de paix à attendre de moi,
tant qu'ils regarderont comme Dieu un homme crucifié
par d'autres hommes et qu'ils refuseront d'adorer le
soleil. »

Voyant donc qu'il n'a plus rien à attendre de la
terre, Héraclius se tourne du côté du Ciel. Il lève une
nouvelle armée, lui donne la Croix pour étendard, et
engage ses soldats à vaincre ou à s'ensevelir avec lui
sous les ruines de son empire. Le Ciel récompensa une
foi si généreuse et si pure. Pendant deux années entières, l'empereur romain marche de victoires en victoires, jusqu'à ce qu'il ait complétement défait son
adversaire dans les plaines de l'ancienne Ninive. Ne
sachant plus où cacher sa tête, Chosroës confus prend
le parti d'abdiquer la couronne en faveur du plus jeune
de ses fils. Mais, irrité de cette injuste préférence,
l'aîné, Siroës, s'empare de l'infortuné monarque, son
père, l'enferme dans un noir cachot, où il le laisse
mourir de faim, et s'empare du pouvoir.

Ensuite, pour conclure la paix avec le vainqueur, il
remet en liberté le patriarche de Jérusalem et tous les
captifs, restitue les villes et les provinces enlevées, les
ornements, les vases sacrés, les reliques arrachées aux
églises, et, parmi ces reliques, la plus précieuse de
toutes, la vraie Croix de Jérusalem. Chrosroës n'avait
pas même eu la curiosité d'ouvrir l'étui d'argent où

elle était renfermée : les sceaux en furent retrouvés intacts.

N'attribuant ces victoires éclatantes qu'à la protection divine, Héraclius ne voulut laisser à aucun des grands de son empire l'insigne honneur d'aller reporter la vraie Croix à Jérusalem. Arrivé aux portes de la cité sainte, il orne son front du diadème, se revêt du manteau impérial et des autres insignes de la souveraineté, et tient à honneur de porter sur ses propres épaules le bois sacré que Jésus lui-même a porté le premier sur les siennes dans les rues de la même cité. Mais à peine a-t-il fait quelques pas, qu'il se sent tout à coup saisi comme par une main invisible, et ne peut plus avancer. Frappé de ce prodige, il en demande la raison au patriarche de Jérusalem, qui marche à ses côtés : « Glorieux empereur, répond celui-ci, ne remarquez-vous pas que la pompe extraordinaire qui vous entoure est bien éloignée de l'humilité profonde avec laquelle Jésus a lui-même porté sa Croix ? » L'empereur comprend. Il dépose son manteau impérial, sa pourpre, son diadème, reprend son précieux fardeau, continue sa route sans obstacles jusqu'à l'église du Saint-Sépulcre, et le dépose à l'endroit même d'où l'avait indignement arraché Chosroës quatorze années auparavant.

Vous le savez, quatre siècles avant ce glorieux événement, la Croix avait déjà apparu dans le Ciel, toute rayonnante d'un éclat merveilleux, à Constantin et à toute son armée. C'est à partir de ce moment qu'il s'était fait instruire à fond de la religion chrétienne et

avait voulu qu'on donnât, pour étendard à ses troupes,
la glorieuse vision qu'il avait eue. C'était comme le
bois d'une longue pique, ayant en haut une traverse
en forme de croix, des bras de laquelle pendait un
drapeau tissu d'or et de pierreries. Sur cet étendard
on lisait la devise qu'on avait lue dans le ciel tracée en
caractères de feu : « *In hoc signo vinces* : Tu vaincras
par ce signe. » C'est en effet par ce signe que Constantin remporta la victoire sur ses compétiteurs à l'empire, et la victoire plus éclatante encore sur l'idolâtrie,
qui, depuis plus de trois siècles, faisait une opposi-
tion si formidable au christianisme.

Or déjà, en l'honneur de l'apparition de cette croix
miraculeuse à Constantin, l'Eglise avait établi une solennité qui se célébrait le 14 septembre de chaque
année et portait le nom de *l'Exaltation de la sainte
Croix.*

Plus tard elle voulut, dans la même solennité,
joindre le souvenir d'Héraclius à celui de Constantin,
et remercier Dieu tout à la fois de l'apparition miraculeuse de la Croix à Constantin, et de la glorieuse
réapparition de la vraie Croix dans l'église du Saint-
Sepulcre à Jérusalem. On conçoit que, pour cette
double raison, cette fête ait ainsi doublé sa solennité :
*Itaque Exaltationis sanctæ Crucis solemnitas, quæ
hac die quotannis celebrabatur, illustrior haberi
cœpit ob ejus rei memoriam quod ibidem fuerit repo-
sita ab Heraclio, ubi Salvatori primum fuerit consti-
tuta* [1].

[1] Office du 14 septembre.

Quand les croisés entrèrent à Jérusalem, à la vue de la vraie Croix, ils oublièrent toutes les fatigues du voyage de France en Asie et celles plus grandes encore du siége. « Les croisés, après leur entrée dans Jérusalem, détournèrent bientôt leurs regards des trésors promis à leur valeur, pour admirer une conquête plus précieuse encore à leurs yeux : c'était la vraie Croix, enlevée par Chosroës, et rapportée à Jérusalem par Héraclius. Les chrétiens renfermés dans la ville l'avaient dérobée, pendant le siége, aux regards des musulmans. Son respect excita les plus vifs transports parmi les pèlerins. « De cette chose, dit une vieille chronique, furent les chrétiens si joyeux, comme s'ils eussent vu le corps de Jésus-Christ pendu en icelle. » Elle fut promenée en triomphe dans les rues de Jérusalem, et replacée ensuite dans l'église de la Résurrection [1]. »

Pendant la durée du royaume latin de Jérusalem, c'est-à-dire pendant près d'un siècle, la vraie Croix fut aussi honorée que du temps de son Invention par sainte Hélène. C'est à qui des rois et des reines, des princes et des princesses, de la cour, de l'armée, du peuple, de l'Orient et de l'Occident, lui rendrait de plus profonds hommages. Dans les grandes batailles, elle était portée à la tête de l'armée par les évêques ou les légats du Saint-Siége, comme le signe assuré de la victoire et le plus solide rempart du nouveau royaume.

Mais, hélas! dans ses jugements impénétrables,

[1] Michaud, 2ᵉ vol., liv. IV, p. 115.

Dieu ayant résolu de mettre un terme à la durée du nouveau royaume, à la sanglante bataille de Tibériade, la vraie Croix tomba entre les mains des musulmans, avec le trop faible Guy de Lusignan, roi de Jérusalem, et l'élite de ses guerriers. « Toute l'armée des Turcs, dit l'historien des croisades, accourut au lieu où se trouvaient le bois de la Croix et le roi de Jérusalem. Il est plus facile de s'exprimer par des sanglots et de pleurer à chaudes larmes que de raconter en détail ce qui se passa à la fin de cette journée. La vraie Croix fut prise avec l'évêque de Lydda et tous ceux qui la défendaient. Le roi fut pris avec son frère le marquis de Montferrat. Tous les templiers et les hospitaliers furent pris et tués. Ainsi Dieu humilia son peuple et versa sur lui jusqu'à la lie le calice de sa colère [1]. »

Les hostilités s'étant prolongées longtemps après la défaite de Tibériade et la perte du royaume, les croisés s'efforçaient sans cesse de rentrer en possession de la vraie Croix. Enfin ils offrirent Damiette pour sa rançon. L'échange fut acceptée, et les croisés ne trouvaient pas a racheter trop cher.

Déjà, pendant la durée du royaume latin, quelques fragments de la vraie Croix avaient été détachés avec la permission du patriarche de Jérusalem, pour être distribués aux puissants seigneurs qui avaient rendu au royaume des services signalés. Ainsi les premiers rois de Jérusalem, Godefroi de Bouillon et

____
[1] Michaud, *Histoire des croisades*, t. IV, p. 53 et 54.

Bauduin, n'oublièrent pas leur duché de Flandre. Un roi de Géorgie, David, en avait obtenu un fragment que possède actuellement la métropole de Paris. Le fils de Magnus, roi de Norwége, étant venu en Palestine à la tête de dix mille guerriers, et ayant aidé Bauduin à prendre la ville de Jaffa, avait reçu en récompense un autre fragment, qu'à son retour dans sa patrie il déposa pieusement dans un sanctuaire de la Norwége. L'Anjou est fière d'en posséder deux autres, apportés de Jérusalem par ses ducs. L'un d'eux, celui de Saint-Lô d'Angers, est bien connu dans l'histoire par les serments que prononça Louis XI sur cette précieuse relique.

Ces partages, quoique fort rares, n'étaient cependant pas nouveaux, puisque saint Cyrille, évêque de Jérusalem, dans plusieurs des admirables instructions qu'il prêchait à ses néophytes, et qui nous sont restées sous le nom de *Catéchèses de saint Cyrille*, nous parle des parcelles, fort petites il est vrai, que l'Eglise de Jérusalem se faisait gloire d'envoyer aux Eglises particulières. « Si je voulais nier, s'écrie-t-il dans une de ces instructions, que Jésus a été véritablement crucifié, cette montagne du Golgatha, où nous voici maintenant rassemblés, me convaincrait de cette vérité, de même que le bois de la Croix, qui, coupé par petites parties, est déjà distribué par tout l'univers [1]. »

Un auteur contemporain de saint Cyrille, et que nous avons déjà cité, saint Paulin de Nole, va jus-

---

[1] Cat., IV.

qu'à soutenir que cette diffusion des parcelles de la vraie Croix vient de cette puissance prodigieuse qui multipliait les pains pour nourrir des multitudes affamées. « Dès cette époque, dit-il, comme si la vraie Croix eût été pleine de sentiment et de vie, elle se rendait volontiers aux vœux des pèlerins et prêtait des parcelles de son bois sans en souffrir aucun dommage. Bien qu'elle se laissât ainsi partager, ceux qui la voyaient ne remarquaient dans son volume aucune diminution. On eût dit qu'elle restait intacte. A quoi pouvait-elle devoir cette vertu incorruptible, cette perpétuelle intégrité, sinon à la vertu cachée de ce sang précieux qu'elle avait bu, et de ce corps divin qui, après avoir souffert la mort entre ses bras, était resté incorruptible [1] ? »

Quand, pour la seconde fois, on eut recouvré, après la reddition de l'importante place de Damiette, la vraie Croix laissée par sainte Hélène à Jérusalem, on ne voulut plus s'exposer à se voir ravir de nouveau une relique sur le sort de laquelle on avait eu de si grandes alarmes. C'est alors que Dieu, qui voulait que les fruits admirables de la rédemption fussent rendus plus sensibles par la vue de la Croix sur laquelle il l'avait consommée, permit qu'il en fût fait successivement une distribution plus abondante encore aux principales églises de la Chrétienté; de là ces honneurs spéciaux rendus à la vraie Croix, dans l'univers entier, par la sainte

____
[1] Epist., ii.

liturgie, et qui ne le cèdent qu'aux honneurs rendus au saint Sacrement lui-même.

L'une des Eglises les plus favorisées dans ces distributions saintes, l'Eglise de Paris, n'a pas été égoïste. Elle a voulu enrichir à son tour plusieurs autres églises moins heureuses qu'elle. Et, comme l'île chérie à laquelle Dieu nous a préposé, a dépendu longtemps, pour la juridiction spirituelle, des archevêques de Paris, ils ont eu la délicate attention de lui envoyer, par un de ses premiers missionnaires, une parcelle du bois sacré renfermée dans un reliquaire. Cette parcelle, conservée encore dans notre église cathédrale, a souvent béni les têtes inclinées des premiers colons, comme elle bénit encore mes fidèles ouailles, après les pieux exercices du chemin de la Croix.

Un mot, en finissant, sur *le titre de la croix*. Nous lisons dans l'Evangile de saint Jean : « Pilate fit aussi une inscription qui fut mise au haut de la Croix, et sur laquelle il inscrivit ces mots : *Jésus de Nazareth, roi des Juifs*. Comme le lieu où Jésus avait été crucifié était proche de la ville, beaucoup de Juifs lurent cette inscription, qui était en hébreu, en grec et en latin. Les princes des prêtres dirent donc à Pilate : Ne mettez pas Roi des Juifs, mais qu'il s'est dit Roi des Juifs. Mais Pilate répondit : Ce qui est écrit, est écrit [1]. »

Nous ne sommes nullement surpris de cette ré-

____
[1] Joan., xix. 19, 20, 21, 22.

ponse du gouverneur romain. Il avait posé cette question à Jésus en plein tribunal : « Etes-vous le roi des Juifs ? » Et Jésus avait répondu : « Vous le dites. » *Tu es rex Judœorum ? Tu dicis*[1]. De plus, il regardait Jésus comme un vrai juste, puisque, voyant qu'il ne pouvait le sauver des mains des ses ennemis, il se lava les mains devant tout le peuple en disant : « Je suis innocent du sang de ce juste : *Innocens ego sum a sanguine justi hujus*[2]. » Or, il devait être parfaitement convaincu de sa sincérité ; car l'une des premières qualités de la justice, n'est-ce pas la sincérité ?

Jésus s'étant proclamé roi, Pilate devait donc croire qu'il était véritablement roi. Puis, qui niera que Jésus n'ait pu attacher à sa parole quelques-unes de ces vives lumières, qui ont révélé tout d'un coup à Pilate la nature de la royauté dont il parlait ? Autrement, pourquoi Pilate, si lâche par ailleurs qu'il n'a pas craint de sacrifier ses plus intimes convictions sur l'innocence de Jésus, n'aurait-il montré de fermeté que dans cette circonstance insignifiante en apparence, et lorsqu'il s'agissait d'effacer quatre mots inscrits par son ordre sur une tablette de bois ? « Non, non, répondit-il aux princes des prêtres, vous n'effacerez pas ces mots : Jésus de Nazareth, roi des Juifs. Ce que j'ai écrit, est écrit : *Quod scripsi, scripsi.* »

C'est comme s'il leur eût dit : Vous avez beau nier la royauté de Jésus-Christ, il n'en est pas

<hr>

[1] Matth. xxvii. 11.   [2] Ibid., 24.

moins véritablement roi, roi des Juifs, comme l'atteste l'inscription dans votre langue; roi des Grecs et des Romains, ainsi que le proclament les autres inscriptions grecques et latines. Et, comme les Grecs et les Romains sont les maîtres du monde, et que les autres langues dérivent et dériveront de ces langues mères parlées par Rome et la Grèce, il est bon, il est même nécessaire que la royauté de Jésus soit bien affirmée par ces trois langues. De plus, cette royauté universelle de Jésus n'est pas une royauté éphémère : c'est la royauté de l'âge présent, c'est la royauté de l'avenir, c'est la royauté du temps, c'est la royauté de l'éternité. Ce titre de la royauté de Jésus doit donc parvenir intact à la postérité. C'est pourquoi je vous défends d'y toucher : *Quod scripsi, scripsi* [1].

La tablette sur laquelle est inscrit le titre de la royauté de Jésus fut, comme nous venons de le dire, retrouvée avec la Croix, mais séparément. Elle fut envoyée à Rome avec le morceau de la vraie Croix destiné à la ville éternelle, et placée avec lui dans la basilique impériale de Sainte-Croix de Jérusalem, où elle se retrouve encore, mais dans un grand état de délabrement.

La triple inscription fut gravée sur cette tablette de bois, selon la coutume des Juifs, avec un stylet de fer et en lettres rouges, sans doute par quelque juif attaché au proconsulat. Et comme, au rebours des langues européennes, l'hébreu s'écrit de droite à

___
[1] Joan. XIX, 22.

gauche, celui qui grava l'inscription hébraïque plaça chaque mot de l'inscription grecque et latine directement au-dessous du mot hébreu correspondant, de sorte que les trois inscriptions se trouvent écrites dans le même sens que l'inscription hébraïque, de droite à gauche.

L'inscription hébraïque a presque entièrement disparu. De l'inscription grecque qui vient après, il ne reste plus que le mot qui signifie *Nazaréen*. L'inscription latine est la mieux conservée. Il ne manque qu'une lettre au mot *Nazarenus*.

Le temps, qui détruit tout, et auquel rien ne résiste, a pu effacer les paroles de Pilate, mais la royauté de Jésus-Christ est inscrite sur les tablettes de nos cœurs. Cette divine royauté est le soleil du monde moral. Et on réussira bien plutôt à enlever de la voûte du firmament le soleil qui éclaire nos corps, qu'à faire disparaître du firmament du monde moral cet autre Soleil qui éclaire nos âmes.

Il n'est pas donné à tous les chrétiens, et même à toutes les Eglises de la chrétienté, de se procurer des parcelles de la vraie Croix, si minimes qu'elles soient. Mais, quand nous sommes privés de la présence de nos pères, de nos mères, de nos frères, de nos sœurs, de nos amis, ne tâchons-nous pas de nous en consoler, en suspendant leurs portraits aux murs de nos appartements, en jetant les yeux sur eux de temps à autre, et en conversant mentalement avec eux, comme s'ils se trouvaient auprès de nous?

Eh bien, agissons de même avec la Croix de Jésus ! Si nous sommes privés du bois sacré sur lequel Jésus a daigné mourir pour nous, consolons-nous ; le fer, le bronze, l'airain, l'or, l'argent, les pierres même les plus fines et les plus précieuses, tous les bois, tous les métaux, ne nous offrent-ils pas à l'envi de fidèles souvenirs de la vraie Croix ?

Aussi, voyez l'Eglise : elle connaît tellement le prix et la divine efficacité de la Croix, qu'elle place ce divin étendard de notre salut sur la poitrine de ses pontifes, sur tous les ornements épiscopaux et sacerdotaux, sur tous les linges et les vases sacrés qui servent à l'adorable sacrifice de nos autels, sur les saints tabernacles, les chaires, les tribunaux sacrés de la pénitence, les fonts du baptême, les frontons de nos églises, et jusqu'au sommet de leurs tours et de leurs flèches les plus élevées.

Voyez les monarques chrétiens : sans exception aucune, ils l'ont placée sur leur couronne ; et, par là, ils reconnaissent qu'elle en est le plus brillant joyau et le plus ferme soutien ; sur leurs écussons et sur leurs étendards, pour guider leurs guerriers dans le chemin de la victoire ; et s'ils cherchent un signe pour récompenser les services rendus et décorer la valeur et l'héroïsme, ils n'en trouvent pas d'autre que la Croix. Ah ! c'est que la Croix de Jésus-Christ est bien la croix d'honneur par excellence !

Voyez tous les pays catholiques : est-il, dans ces pays, une seule ville, un seul village, un seul hameau qui n'ait sa croix plantée, tantôt sur ses portes ou sur ses remparts, tantôt sur une place publique, tantôt sur une éminence, et toujours invariablement dans les endroits où la justice humaine rend ses arrêts, ou sur ces édifices publics si bien nommés *Hôtel-Dieu*, parce que c'est Dieu lui-même qu'on y reçoit dans la personne des voyageurs sans ressources et sans asile, des infirmes et des pauvres, qui vont y redemander les forces et la santé?

Et dans notre colonie bien-aimée, les fidèles ne se plaisent-ils pas à planter des croix sur les places publiques, au fond des ravines, sur les flancs des rochers, dans les endroits où il est arrivé quelque malheur, et jusque sur le sommet de ses plus hautes montagnes? Oui, sur l'un des pitons les plus élevés qui entourent Saint-Denis, le Christ sur la Croix tend ses bras à la capitale de l'île et jette sur elle un regard d'amour; et, du haut du Piton des Neiges, à trois mille soixante-neuf mètres au-dessus du niveau de la mer, la Croix contemple et protége la colonie tout entière.

Que chacun de nous également se souvienne qu'à son entrée dans la vie il a été marqué sur la tête du signe de la Croix avec l'eau du Baptême, et plus tard, sur le front, avec le saint chrême, et que jamais il n'ait le malheur de rougir de cette Croix, qui a été teinte du sang de Jésus-Christ. Jésus n'a pas rougi, lui, de mourir pour nous. Ne rougissons pas, nous, de vivre pour lui. Ecrions-nous bien plutôt avec le grand Apôtre : « A Dieu ne plaise que je me glorifie en autre chose que dans la Croix de Jésus, mon Seigneur et mon Dieu : *Mihi absit gloriari, nisi in Cruce*

Domini nostri Jesu Christi [1]. » Car, « dans la Croix est le salut, dans la Croix est la vie, dans la Croix la protection contre les ennemis de l'âme, dans la Croix l'infusion des suprêmes délices, dans la Croix la force de l'âme, dans la Croix la joie de l'esprit, dans la Croix la perfection de la vertu, dans la Croix le chef-d'œuvre de la sainteté. Sans la Croix, il n'y a ni salut pour l'âme, ni espérance de la vie éternelle [2]. »

La Croix, c'est l'école de l'enfance, le bouclier de l'adolescence contre les traits des passions qui la tyrannisent, la richesse du pauvre, le frein du riche, la science du savant tout aussi bien que de l'ignorant, la consolation de l'affligé, la force de l'opprimé, le refuge du pécheur, et l'aiguillon du juste, pour qu'il devienne plus juste encore.

Tenons donc à gloire, à honneur de faire de la Croix le plus riche ornement de nos demeures, de la porter toujours sur nous, de nous agenouiller devant elle soir et matin, de la serrer souvent sur notre cœur et sur nos lèvres, et de répéter avec l'Eglise cette énergique prière :

« Arbre précieux et éclatant de gloire, teint du sang de notre Roi, et choisi pour toucher les membres adorables de notre Sauveur, que vous êtes heureux d'avoir porté dans vos bras la rançon du monde, d'être comme la balance dans laquelle a été pesé ce corps divin, et d'avoir arraché à l'enfer une proie sur laquelle il comptait ! Salut, ô Croix, notre unique espé-

----

rance, en ces jours consacrés à honorer la passion du
Sauveur! Rendez le juste plus juste encore, et obtenez
aux pécheurs le pardon [1]! »

[1] Hymn. de la Passion.

CHAPITRE V

Des instruments de la Passion.

Le saint temps de Carême est pour ainsi dire une longue avenue qui nous conduit au Calvaire et au Sépulcre du divin Rédempteur. Plus encore qu'à toute autre époque de l'année, dans ce temps de prières, de jeûnes, d'instructions religieuses, l'Eglise cherche à fixer l'attention de ses enfants sur la Passion qui a sauvé le monde, afin d'enchaîner leurs cœurs à celui de Jésus par les liens les plus forts et les plus indestructibles : ceux de l'amour basé sur la reconnaissance : *Iu funiculis Adam traham eos , in funiculis charitatis* [1].

C'est pour aider à former ces nobles sentiments que nous avons parlé du saint Sépulcre , du glorieux tombeau, du bois sacré de la Croix, et que nous

---

[1] Osee, xiv. 4.

venons compléter notre sujet, en parlant des clous qui ont percé les pieds et les mains de Jésus de la sainte lance qui a ouvert son côté, de la couronne d'épines qui ceignait son front, et des linges, connus sous le nom de *saints suaires*, qui enveloppaient son corps dans le sépulcre.

Ce sont là des témoins muets de la Passion, c'est vrai; mais, dans leur silence, qu'ils sont éloquents! qu'ils remettent vivement sous les yeux les différentes scènes du drame sanglant du Calvaire! quels précieux enseignements ils tiennent en réserve pour les âmes sensibles qui savant les interroger!

La Lance. Un témoin oculaire, saint Jean, nous raconte comment Jésus eut le côté percé d'une lance : « Comme c'était la veille du sabbat, afin que les corps ne demeurassent pas à la croix le jour du sabbat, car le lendemain était le jour du sabbat par excellence, les Juifs prièrent Pilate de leur faire rompre les jambes, pour avancer leur mort, et faire enlever les corps. Il vint donc des soldats qui rompirent les jambes du premier et de l'autre qu'on avait crucifiés avec lui. Puis, étant venus à Jésus et le voyant déjà mort, ils ne lui rompirent pas les jambes ; mais l'un d'eux lui perça le côté d'une lance, et aussitôt il en sortit du sang et de l'eau. Celui qui l'a vu en rend témoignage, et son témoignage est véritable. Et en disant cela, il sait qu'il dit vrai, et il vous en assure, afin que vous le croyiez aussi. Car ces choses ont été faites, afin que cette parole de l'Ecriture fût accomplie : Vous ne briserez aucun de ses os. L'Ecriture dit encore ailleurs : Ils verront celui qu'ils ont percé [1]. »

L'Evangile ne nomme pas celui qui perça du fer de sa lance le côté du Sauveur. En le nommant sous la date du 15 mars, le Martyrologe romain n'est que l'écho de la tradition tout entière. C'est le centenier qui donna son nom à la grotte située au pied du Calvaire, où il se retira pour pleurer la part qu'il avait prise à la mort de Celui dont il avait reconnu trop tard la divinité à la vue des grands miracles survenus pour l'attesetr. C'est la chapelle de Saint-Longin.

Sa lance n'était pas un instrument de torture, mais bien une arme commune à tous les guerriers. Elle lui appartenait : nul ne la lui disputa. Seulement, elle avait ouvert le côté de Jésus en croix, elle était toute arrosée du sang et de l'eau qui en sortirent : figures des deux plus grands sacrements de l'Eglise, la sainte Eucharistie et le Baptême. Cette lance n'était donc plus une lance ordinaire ; elle était sanctifiée, consacrée par les grands mystères auxquels elle avait servi. Devenu fervent chrétien, en attendant qu'il méritât de sacrifier sa vie pour la nouvelle foi, le pieux centenier s'agenouilla le premier devant son arme pour la vénérer, et la donna en présent à l'Eglise de Jérusalem, qui la conserva longtemps comme l'une de ses plus précieuses

---

[1] Joan., XIX, 31 — 37.

reliques. Un saint docteur d'Angleterre, qui vivait au huitième siècle, nous apprend que, de son temps, elle était exposée à la vénération des fidèles dans l'église du Saint-Sépulcre. « Cette précieuse lance, dit-il, est renfermée dans un étui de bois en forme de croix, et conservée dans le portique dit *du Martyre;* son bâton, coupé en deux parts, est vénéré de toute la ville : *Lancea militis inscrta habetur in cruce lignea in porticu Martyrii, cujus hastile in duas intercisum partes tota veneratur civitate*[2]. »

A cause de la primauté de saint Pierre, qui en fut le premier évêque, Antioche devint la métropole de tout l'Orient. Soit que cette ville ait demandé à l'Eglise de Jérusalem à s'enrichir de la sainte lance, soit que celle-ci ait été la première à l'offrir à sa métropole en signe d'hommage, toujours est-il que la précieuse relique, dans les siècles suivants, était devenue la propriété de l'Eglise d'Antioche. Seulement, à cause des fréquentes incursions des Druses et autres farouches tribus qui l'environnaient, pour ne pas exposer la sainte lance à tomber entre leurs mains, on se crut obligé de l'enfouir bien avant sous terre, auprès du maître-autel, dans la basilique dédiée au Prince des apôtres. C'est là qu'elle fut retrouvée miraculeusement et avec les circonsiances que nous allons raconter.

C'était dans les dernières années du onzième siècle et pendant la première croisade. En s'avançant toujours vers Jérusalem, l'armée franque s'était emparée d'An-

____

[1] Beda, *de Locis sanctis,* ii.

tioche. Mais peu s'en fallut que cette victoire ne se changeât en défaite. Les ennemis du nom chrétien reviennent autour d'Antioche en nombre plus considérable que jamais, et, d'assiégeante, l'armée chrétienne devient assiégée à son tour. Le siége traîne en longueur; la famine apparaît dans Antioche et y exerce de grands ravages. C'est à peine si les bras affaiblis peuvent soutenir le poids des armes. Le désespoir s'empare des cœurs, et on parle ouvertement de se rendre à l'ennemi. Mais Adhémar, évêque du Puy, que le Pape avait nommé son légat auprès de l'armée, et les autres évêques qui l'accompagnent, sentent la rougeur leur monter au front : ils préfèrent la mort au déshonneur. Dans cette cruelle extrémité, ils redoublent leurs jeûnes et leurs prières, et engagent l'armée tout entière à jeûner et à prier avec eux. Adhémar est écouté : la ville d'Antioche se change en un vaste oratoire. Au bruit des armes succède celui des prières publiques. On vit alors un spectacle digne des vaillants enfants de la fille aînée de l'Eglise : cent mille guerriers s'humilier profondement devant Dieu, s'approcher du saint tribunal de la Pénitence, et ensuite de la table sainte, pour y recevoir le Dieu dont ils voulaient délivrer le Sépulcre. Ce même Dieu, dont la nature est la bonté, et dont le propre est d'avoir pitié de ses créatures et de leur pardonner sans cesse[1], inclina doucement son oreille à tant et de si ferventes supplications, et daigna révéler à l'un de ses ministres que la sainte lance était enfouie dans l'église de Saint-Pierre, proche le grand autel, et

---

[1] Oraison de la messe pour les défunts.

que c'était par la vertu mystérieuse de ce fer sacré qu'il avait résolu de sauver sa fidèle armée.

Le bruit de cette révélation se répand dans Antioche, et suffit déjà pour rendre l'espoir et la force aux croisés. Les fouilles commencent à l'endroit indiqué. L'armée entière en attend l'heureux résultat aux portes de la basilique. A douze pieds de profondeur on n'avait encore rien trouvé. On ne se lasse pas, on creuse encore. Tout à coup les spectateurs étonnés poussent un cri de joie. C'était la sainte lance qui apparaissait à leurs regards. Tous la vénèrent le front contre terre ; puis un prêtre la saisit avec respect et va la montrer à la foule. C'en en est fait ; on ne doute plus de la protection du Ciel. Tous les maux sont oubliés. Les âmes s'exaltent et ne demandent plus qu'à se mesurer avec l'ennemi. La bataille est promise pour le lendemain.

Le jour paraît. Les portes s'ouvrent. L'armée chrétienne s'avance en bon ordre. Adhémar est dans ses rangs, revêtu de ses habits pontificaux, précédé du fer sacré, qui sert d'étendard aux nobles guerriers. Electrisés à cette vue, ils fondent sur l'armée musulmane avec l'impétuosité des lions, l'enfoncent, en massacrent une partie, dispersent l'autre, et dressent à la sainte lance un glorieux trophée de tous les étendards ennemis pris sur le champ de bataille.

Nous n'inventons rien, nous racontons ; et nous racontons d'après tous les historiens des croisades, chrétiens ou arabes [1].

---

[1] *Bibliothèque des croisades*, t. 1er, pages 3, 20, 28, 43, 124, 128. — Michaud, *Histoire des croisades*, liv. III, p. 338 et suivantes.

Plus tard cette vénérable relique tomba au pouvoir des empereurs de Constantinople, qui l'exposèrent dans l'église de Saint-Pierre de Constantinople, où elle se trouvait encore quand Mahomet II prit la capitale de l'empire grec et mit fin à cet empire, en 1453. Le farouche vainqueur la visita respectueusement et défendit d'y toucher. Bajazet, son successeur, pour se concilier la bienveillance des chevaliers de Saint-Jean de Jérusalem, montrait un jour à Pierre d'Aubusson, grand-maître de l'ordre, les reliques insignes dont étaient enrichies les églises de Constantinople, et lui offrait en pur don le bras du saint précurseur qui avait baptisé le Christ. Comme saint Jean-Baptiste était le patron de l'ordre, Bajazet ne doutait pas que son présent ne fût reçu avec une vraie reconnaissance. C'est dans cette circonstance que Pierre d'Aubusson osa supplier le successeur de Mahomet II d'envoyer la sainte lance au chef de la chrétienté, qui était alors Innocent VIII. Bajazet suivit le conseil de Pierre d'Aubusson. Renfermée dans un riche étui, la sainte lance fut portée à Rome par un ambassadeur du grand seigneur, et y arriva le dernier jour de mai 1492.

Averti de son approche, le souverain Pontife, avec sa cour et un grand nombre de cardinaux, d'évêques, de prêtres, de religieux, et presque toute la population de Rome, s'avança pour la recevoir jusqu'à l'église de Sainte-Marie du Peuple, qui se trouve près la porte du Peuple. Après l'avoir accompagnée processionnellement jusqu'à Saint-Pierre, Innocent VIII la déposa au Vatican, en attendant qu'il fît bâtir une magnifique église en son honneur. Mais il n'eut pas le temps d'accomplir son pieux dessein.

Après sa mort, la sainte lance fut déposée dans la basilique de Saint-Pierre, où elle se trouve encore. Là, dans certaines solennités, elle est exposée à la vénération des fidèles. Le centenier romain qui a percé le côté du Sauveur du fer de sa lance a ensuite signé sa foi de son sang. Il est honoré comme saint. Dans une niche, au-dessous de la chapelle où est conservée la sainte lance, on voit la statue de saint Longin, œuvre d'un des plus grands statuaires de l'Italie, le même qui érigea le baldaquin tant admiré du grand autel dela basilique.

Les Clous. Quant aux clous avec lesquels Jésus fut cloué à la croix, nos plus anciens docteurs, tels que saint Cyprien et saint Augustin, pensent que Notre-Seigneur fut attaché à la croix avec quatre, un pour chaque main, un pour chaque pied. Ils sont en cela d'accord avec les plus anciens monuments de l'iconographie chrétienne, qui représentent constamment Jésus attaché en croix avec quatre clous [1].

Plusieurs anciens historiens, entre autres un historien grec [2], et saint Grégoire de Tours [3], pensent que ces quatre clous furent retrouvés par sainte Hélène dans le saint Sépulcre. La raison sur laquelle ils s'appuient, c'est que les Juifs avaient coutume d'ensevelir avec les suppliciés tout ce qui avait servi au supplice, parce que tous ces objets étaient tombés sous la malé-

[1] Mamachi. *De veteribus sacris christianorum ritibus.*

[2] Socr., lib. I, XIII.   [3] *De gloria martyrum,* VI.

diction de la loi, comme le supplice lui-même. Mais comme Jésus ne fut enseveli que par ses disciples, qui étaient bien éloignés de voir une malédiction dans le supplice de leur Maître, il est à croire qu'ils conservèrent comme un riche trésor ces clous, teints, comme la sainte lance, du sang précieux de l'Agneau sans tache, et les donnèrent ensuite à l'Eglise de Jérusalem.

Que ces clous aient été retrouvés par sainte Hélène dans le saint Sépulcre, ou qu'ils lui aient été donnés par l'Eglise de Jérusalem en reconnaissance de ses éminents services rendus à l'Eglise, peu importe? l'essentiel est qu'ils soient devenus sa propriété.

Le savant cardinal Baronius, d'après saint Grégoire de Tours, nous apprend ce que sainte Hélène fit de quelques-uns de ces clous : « Ces clous, dit-il, plus beaux et plus précieux que tous les métaux, et qui attachèrent les bienheureux membres de Jésus à la croix, furent trouvés par sainte Hélène après l'invention de la vraie croix. Elle en fit entrer une partie dans la couronne de l'empereur et une autre partie dans un frein destiné au cheval de bataille du premier empereur chrétien, afin que les ennemis qu'il aurait à combattre fussent plus aisément dispersés et vaincus par la vertu mystérieuse de ce fer sacré. On n'ignore pas, ajoute Baronius, que cet événement extraordinaire avait été prédit par le prophète Zacharie en ces termes : « En ce jour-là, ce qui sera sur le frein du cheval sera consacré au Seigneur : *In illa die quod super frenum equi est, sanctum Domino* [1]. »

1 Zach., XIV, 20.

Saint Grégoire de Tours ajoute ensuite : « La mer Adriatique était extrêmement agitée. Comme les naufrages étaient fréquents et que beaucoup d'hommes perdaient la vie dans ses flots, elle passait pour la terreur des navigateurs. Alors la prévoyante impératrice, prenant en pitié ces grandes calamités, fit déposer dans cette mer un autre des clous. Elle espérait de la miséricorde de Dieu que cette relique insigne de la Passion apaiserait les flots en courroux. Et, en effet, après cela, des vents plus tranquilles soufflèrent sur cette mer, et elle s'apaisa. Aussi, jusqu'aujourd'hui, les marins vénèrent cette mer comme une mer sanctifiée, et ils ne s'y embarquent qu'après avoir offert à Dieu des jeûnes et des prières [2]. » Saint Jérôme et d'autres docteurs parlent aussi de ce clou jeté dans la mer Adriatique par sainte Hélène. Espérons que sainte Hélène n'a pas voulu priver le monde catholique de ce clou, et qu'elle s'est contentée de le faire plonger dans la mer pour l'en retirer ensuite. Le texte de saint Grégoire de Tours rapporté par Baronius favorise singulièrement cette interprétation ; car il ne dit pas que la pieuse souveraine fit jeter, mais bien déposer seulement le clou dans la mer : *Unum ex quatuor clavis deponi jubet in pelago.*

Ce qui est certain, c'est que sainte Hélène envoya l'un de ces clous à Rome avec le morceau de la vraie Croix. Il nous a été donné de le vénérer et de le baiser dans la basilique de *Sainte-Croix-de-Jérusalem*, où il est déposé. La pointe manque, et l'on

[1] *Annal*, t. III, *Sub anno* 326, n° 52.

croit que c'est cette pointe qui a été déposée dans le diadème de Constantin.

L'illustre évêque de Milan, saint Ambroise, parle aussi de l'usage que sainte Hélène fit de ces clous comme d'événements arrivés de son temps, et vous savez qu'il était presque contemporain de sainte Hélène : « Hélène, dit le saint docteur, chercha les clous qui attachèrent Jésus à la croix et les trouva. Par ses ordres, l'un de ces clous entra dans un frein impérial, l'autre dans son diadème. Celui-ci servit à l'éclat du pouvoir royal, l'autre à la dévotion du souverain. Marie fut visitée par l'ange pour délivrer Eve ; Hélène visita les saints Lieux pour racheter les empereurs. Elle envoya à son fils Constantin une couronne étincelante de pierres précieuses; mais aucune d'elles n'est comparable à cette autre pierre précieuse arrachée à la croix du Sauveur. Hélène envoya aussi le précieux frein à son fils royal. Constantin s'est servi des deux pendant sa vie, et les a transmis, comme un riche héritage, à ses successeurs.... Le clou du diadème était bien posé sur la tête du souverain, afin que le secours fut là où était le siége de la sagesse. La couronne était pour la tête; les rênes sont pour les mains. La couronne participait à la vertu de la Croix, afin que la foi de Constantin resplendît à tous les yeux. Les rênes impériales participaient aussi à la vertu de la Croix, afin que le pouvoir souverain fût circonscrit dans de justes limites et ne dégénérât jamais en injustice [1]. »

---

[1] *De oratione in funere Theodosii.*

La métropole de Paris possède aussi un autre clou de la croix du divin Rédempteur. C'est celui que saint Hélène avait laissé à l'église de Jérusalem. Bien que cette église possède le Calvaire et le saint Sépulcre, son héritage inaliénable jusqu'à la fin du monde, sainte Hélène ne voulut pas qu'elle fût privée des principales reliques de la Passion. Mais la grande réputation de Charlemagne, laquelle avait porté le calife Aroun-al-Raschid à lui envoyer les clefs de l'église du Saint-Sépulcre, engagea bien plus légitimement encore le patriarche de Jérusalem à envoyer à ce puissant empereur le saint clou qui était resté à Jérusalem. Charlemagne le plaça dans la cathédrale d'Aix-la-Chapelle, qui lui servait alors de capitale. C'est là que l'avait pris Charles le Chauve pour le transporter dans l'abbaye de Saint-Denis ; et c'est de l'abbaye de Saint-Denis qu'il passa dans le trésor de Notre-Dame de Paris.

D'autres églises se flattent de posséder de semblables reliques. Mais ce ne sont que des parcelles des autres clous, ou même des clous façonnés sur le modèle des clous véritables et auxquels on les a fait toucher. Ce simple attouchement n'est-il pas déjà un léger dédommagement pour ceux qui n'ont pu voir et vénérer les véritables clous ? Saint Charles Borromée, qui, en fait de reliques, se montrait d'une très-grande sévérité, ne s'est pas fait scrupule de donner à Philippe II l'un de ces clous sanctifiés par l'attouchement des véritables, et il ne croyait pas lui avoir fait un présent indigne du plus grand potentat de son siècle.

La Couronne d'épines. A deux reprises différentes, et au nom de l'empire romain, dont il était le représentant en Judée, en plein tribunal, Pilate avait demandé juridiquement à Jésus s'il était roi. — « Oui, répond Jésus; comme vous le dites très-bien, je suis roi. Je suis né et je suis venu dans le monde afin de rendre témoignage à la vérité et de régner par la vérité sur ceux qui l'aiment. Quiconque appartient à la vérité écoute ma voix et reçoit avec soumission la vérité que je lui lui annonce [1]. » C'est alors que, pour reconnaître cette royauté, la plus grande de toutes celles qui existent sur la terre, les soldats romains le dépouillent de ses habits et jettent sur ses épaules un vil manteau de pourpre, tressent une couronne avec des épines entrelacées les unes dans les autres et en ceignent son front, lui mettent entre les mains un sceptre de roseau, puis s'agenouillent devant lui en lui donnant des soufflets, en crachant sur son auguste face, en le tournant en ridicule, et en lui disant : « Je te salue, ô roi des Juifs [2] ! »

Saint Augustin, et avec lui de savants interprètes de la sainte Ecriture, pensent que la couronne de Jésus, tressée par les soldats romains, était composée de ces joncs marins hérissés de pointes dont fourmille l'Egypte et la Syrie; mais le savant cardinal Baronius les réfute en ces termes : « Je ne suis pas de l'avis de ceux qui soutiennent que la couronne du Seigneur était de joncs marins, puisque saint Matthieu, saint

---

[1] Joan., xviii, 37.
[2] Matth., xxvii, 29 et 30. — Marc, xx, 17. — Joan., xix, 2 et 3.

Marc et saint Jean affirment de la manière la plus positive que cette couronne était une couronne d'épines : *Plectentes coronam de spinis.* Il y a une bien grande différence entre l'épine et le jonc. Sur le jonc marin on ne trouve d'épines ni sur le tronc, ni sur les branches, mais à l'extrémité des feuilles seulement. Et d'ailleurs, comment ces soldats qui se trouvaient à Jérusalem auraient-ils pu se procurer des joncs marins, puisque Jérusalem est assez éloignée du rivage de la mer ? La raison suffirait donc toute seule pour prouver que la couronne qui a été tressée des mains des soldats romains pour Notre-Seigneur l'a été avec ces épines qui croissent en abondance tout autour de Jérusalem. Mais l'expérience démontre que les épines de cette couronne, qui ont été conservées jusqu'à nos jours, sont en tout semblables à celles qu'on cueille sur les buissons d'épines des campagnes de la cité sainte, et qu'elles n'ont rien de commun avec le jonc marin [1]. »

« Ah ! s'écrie à ce sujet un grand mystique de nos jours, la souveraineté de Jésus déplaît à ses ennemis ; ils ne peuvent supporter qu'il s'appelle roi. Ils voudraient bien tourner sa royauté en dérision, mais ils la sentent et ils la craignent. Sa douceur aigrissait ses bourreaux ; elle les abaissait eux-mêmes dans leur propre estime. La mansuétude de son silence était pour eux un reproche. Il y avait quelque chose de si adorable dans ses souffrances que leur fanfaronnade vulgaire s'en trouvait écrasée ; son regard les humi-

[1] Tome Ier, *Sub anno* 34, n° 86.

liait ; il était si beau ! Ainsi , dans l'aveuglement de leur malice , ils ont opéré un mystère divin, ils l'ont couronné roi..... Le soleil et la pluie étaient tombés alternativement sur les ronces verdoyantes que la terre, sans le savoir, avait fait croître pour son Créateur. Ces ronces s'étaient étendues sur le gazon : elles y avaient entrelacé leurs nombreux et vigoureux rejetons. Elles avaient poussé en buisson épais ; leurs pointes flexibles s'étaient durcies sous les rayons du soleil de l'automne, et elles étaient devenues de longues et grosses épines. Peut-être l'abeille s'était-elle posée sur leurs fleurs pour en extraire le suc délicieux ; peut-être le papillon avait-il été attiré un instant par leur parfum aromatique ; peut-être l'oiseau avait-il emporté dans son bec leurs baies dorées ; mais qui aurait jamais imaginé qu'elles devaient encore être teintes du sang de leur Créateur ? Les soldats ont garni leurs mains calleuses de leurs gantelets de cuir, et ils tressent une couronne de ces épines dures et cruelles. Qu'importe si elle n'est pas parfaitement ronde ! qu'importe si elle ne doit pas s'adapter exactement à la tête de leur César de théâtre ! Au milieu des plaisanteries, des jeux de mots et des blasphèmes païens, l'ouvrage informe est bientôt achevé. Alors ils se lèvent et s'approchent de leur roi. Oh ! ce n'est pas de la même manière que nous nous approchons maintenant du saint Sacrement et que les anges s'approchent du trône de l'Eternel ! Jésus était assis sur un banc, et nous osons à peine le regarder, tant il est divin dans son abjection. Ce corps de garde se

remplit silencieusement de la splendeur de sa divinité.
Est-ce qu'ils ne la voient pas? Non. Ils enfoncent la
couronne sur sa tête avec une violence brutale. Elle
n'est pas ronde, elle ne va pas : ils font entrer de
force les pointes dans sa peau, et le sang sort noir,
lent, avec une peine des plus douloureuses..... Jésus
tremble de la tête aux pieds dans un supplice intolérable. Un nuage de souffrance recouvre ses yeux si
beaux, ses lèvres sont devenues livides sous l'excès de
la douleur; mais le visage d'un enfant endormi n'est
pas plus doux que le sien, ni son cœur plus calme;
et il nous apparaît plus beau maintenant qu'il est
couronné. O sang précieux, ô amant de la souveraineté de Dieu, longtemps tu as eu soif de ta
royauté. Mais quelles étranges, quelles saisissantes
cérémonies tu avais préparées pour ton couronnement [1]! »

Tous les jours encore, les vénérables sœurs *de
Notre-Dame-de-Sion*, qui demeurent à Jérusalem,
vis-à-vis l'ancien palais de Pilate, coupent de ces
épines autour de Jérusalem et s'occupent à tresser
des couronnes semblables à celle qui fut posée sur
le front de Jésus, et l'une de ces couronnes, que
nous avons apportée avec nous de Jérusalem en France,
n'est pas l'un des moins précieux souvenirs de notre
pèlerinage. La science a même conservé à cette espèce
d'épines le nom du Roi des rois dont le front a été
ceint de ce glorieux diadème : *rhamnus spina Christi,
paliurus spina Christi.*

[1] Le R. P. Faber, de l'Oratoire de Londres.

L'Evangile ne dit pas que Jésus soit monté au Calvaire et ait été crucifié avec cette couronne. Mais les peintures les plus antiques qu'on ait pu trouver le supposent. Les plus anciens docteurs, tels que saint Cyprien[1], Tertullien[2], Origène[3], l'affirment positivement.

S'il est mort en roi, la couronne en tête, il est possible que Joseph d'Arimathie, après avoir enseveli le Sauveur, ait déposé cette couronne à ses pieds, dans son propre tombeau. C'était assez l'usage en Orient d'ensevelir avec les rois et les grands de la terre leurs principales décorations et ce qu'ils avaient de plus précieux.

Que sainte Hélène ait trouvé la couronne du Sauveur dans son tombeau, c'est l'opinion commune à Jérusalem. La pieuse impératrice ne voulut pas priver l'Eglise de Jérusalem de cette couronne, plus riche à ses yeux que tous les diadèmes de l'univers.

La couronne d'épines resta dans la ville sainte jusqu'à l'époque où les plus puissants princes de l'Orient, les empereurs de Constantinople, eussent fait jouer tous les ressorts de leur politique pour se la procurer.

Mais l'un de ces empereurs, Baudouin II, se trouvant réduit à une extrême situation financière, demanda une grosse somme d'argent à emprunter à la république de Venise. Celle-ci voulut bien y consentir, à la dure condition toutefois que l'empire grec offri-

---

[1] *De Passione Domini.* [2] *Lib. Cont. Judœos*, XIII.
[3] *Or.* 35, *In Matth.*

rait, en nantissement de l'emprunt, la couronne d'é-
pines. Quand arriva l'époque du remboursement,
Baudouin vole en France, propose à saint Louis de
se substituer à sa place auprès de la puissante république, et d'accepter en échange le plus riche joyau
de son empire. Le monarque français trouve dans
cette proposition le moyen d'obliger un allié et de
satisfaire sa foi, et l'accepte avec empressement.

Alors saint Louis députa un ambassadenr et deux
religieux de Saint-Dominique pour aller chercher la
précieuse couronne à Constantinople. A cette nouvelle, la ville entière retentit de plaintes et de sanglots.
Mais il y allait du salut de l'empire : cette considé-
dération seule put permettre aux députés de saint
Louis d'accomplir leur sainte mission. Du reste, de
Constantinople en France, ce ne fut pour la sainte
couronne qu'une marche triomphale.

Accompagné de Blanche de Castille, sa mère, de
ses frères, des seigneurs de sa cour, de plusieurs
évêques et d'un nombreux clergé, saint Louis s'avança
jusqu'à Villeneuve-l'Archevêque, à cinq lieues de
Sens. Ce fut là que, le 10 août 1236, jour de la
fête de saint Laurent, le roi vérifia les sceaux de
l'empire et de la république de Venise, tous les actes
qui constituaient l'authenticité de la relique, ouvrit
le reliquaire d'or dans lequel elle reposait, et put
la vénérer pour la première fois.

L'archevêque de Sens, chargé par le roi d'écrire
l'histoire de cette translation solennelle, raconte qu'il
n'est pas aisé de concevoir ce que le roi, la reine,

tant d'illustres personnages et l'assistance entière ressentirent à la vue d'un pareil spectacle. Des larmes étaient dans tous les yeux, des soupirs dans tous les cœurs.

Le lendemain, le pieux monarque voulut ne laisser à nul autre l'honneur de porter la sainte couronne jusqu'à la cathédrale de Sens. Il ne permit qu'au comte d'Artois, son frère, de le partager avec lui ; tous deux encore marchaient pieds nus par humilité. Le clergé précédait la sainte relique, le peuple suivait, faisant retentir du chant des psaumes et des cantiques sacrés les échos des environs. Jamais, disent nos chroniqueurs, la ville de Sens n'avait encore vu dans ses murs une pareille allégresse.

La sainte couronne n'était pas arrivée à sa dernière station. De Sens, elle fut transportée à l'abbaye de Saint-Antoine, à Paris, et, huit jours après, la capitale revoyait les pompes religieuses de Sens. Le roi et son frère, accompagnés des deux reines, de la princesse Isabelle, sa sœur, la sainte fondatrice de Longchamps, de tous les plus puissants seigneurs de France, et des corps constitués, la conduisaient processionnellement à la métropole, et enfin à l'oratoire de son propre palais, qui était le palais de justice actuel.

L'âme de ces siècles, c'était la foi, et une foi ardente. L'âme du nôtre est l'or et l'argent. Nous sommes aux antipodes de nos pères. Aussi désespérons-nous de revoir de pareils spectacles ; mais, s'il ne nous est pas donné de les revoir, qu'il nous soit donné, du moins, de les rappeler, de les admirer, et d'y reposer un instant notre cœur, pour nous consoler des défaillances et des tristesses morales de notre temps!

Ceux de vous, et il en est un très-grand nombre, qui ont visité la capitale de la France, se sont sans doute arrêtés dans l'enceinte de la vieille Lutèce de César, devant cette flèche aérienne, toute étincelante d'or, qui s'élève au-dessus du panorama de Paris. Le monument religieux auquel elle appartient passe pour la perle de l'art ogival en France. Mais ils ne savent peut-être pas que c'est saint Louis qui l'a fait construire, tout exprès pour recevoir les reliques qu'il avait apportées de l'Orient, et en particulier la sainte couronne d'épines. Aussi, longtemps, *la Sainte-Chapelle* n'a-t-elle été connue que sous le nom de *Chapelle de la sainte Couronne d'épines*.

C'est pour chanter ses louanges perpétuellement que saint Louis établit dans cette chapelle un chapitre de chanoines; c'est devant cette couronne qu'il venait chaque jour offrir à Dieu les épines de la sienne; c'est là que bien des têtes couronnées vinrent s'humilier et méditer sur la fragilité des honneurs de ce monde; c'est là enfin que la sainte couronne reçut les honneurs de la France et de l'Europe entière, jusqu'à cette terrible révolution qui secoua si rudement les trônes que depuis lors ils ont peine à se raffermir sur leurs bases.

La révolution de 1793 elle-même, qui avait brûlé tant de reliques, par un reste de pudeur religieuse, n'osa pas toucher à celle-ci, Qui trouva grâce devant

l'impiété la plus éhontée. Elle fut conservée d'abord
à la commission des arts, puis à la bibliothèque na-
tionale, et rendue ensuite, par le gouvernement ré-
parateur du premier consul, au vénérable cardinal de
Belloy, qui venait de monter sur le siége de Paris. Il
en reconnut la parfaite authenticité, et, par les honneurs qu'il lui fit rendre, il tâcha de la dédommager
de l'obscurité où elle avait langui pendant plusieurs
années.

La métropole de Paris a été généreuse, elle a partagé son trésor avec une infinité d'autres églises; et,
si notre cathédrale ne possédait elle-même trois belles
parcelles de cette couronne, nous serions tenté de dire
qu'elle a été trop généreuse. Aujourd'hui pour résister
aux séductions si puissantes de la charité, elle a renfermé ce qui lui reste de la couronne d'épines dans
deux plaques de cristal soudées ensemble, et c'est
sous cette enveloppe transparente que les pieux fidèles
vont la vénérer et y coller amoureusement leurs
lèvres.

Les Linceuls et le Suaire. Nous apprenons encore
des Evangélistes qu'avant d'être descendu dans la
tombe, le corps de Jésus fut enveloppé de plusieurs
linges ou linceuls. Joseph, dit saint Matthieu, après
avoir descendu de la croix le corps de Jésus, l'enveloppa
d'un linceul blanc : *Et accepto corpore, Joseph involvit
illud in sindone munda*[1]. Saint Marc nous dit que
Joseph l'acheta tout exprès pour Jésus : *Joseph autem*

---

[1] Matth., XXVII, 59.

mercatus sindonem, et deponens eum, involvit sindo-
ne, et posuit eum in monumento [1]. Saint Luc n'est
pas moins explicite : « Joseph enveloppa le corps d'un
linceul et le déposa dans un sépulcre taillé dans le roc :
Et depositum involvit sindone, et posuit eum in mo-
numento exciso [2].

Le corps de Jésus ne fut pas enveloppé dans un
linceul unique, puisque saint Luc remarque encore
qu'aussitôt après avoir entendu le récit des saintes
femmes, Pierre se hâta de courir au sépulcre pour en
constater la vérité, et que, s'étant baissé pour regarder
dans le tombeau, il ne vit plus que les linceuls, qui
étaient par terre, et s'en revint plein d'admiration de
ce qui venait d'arriver : *Petrus autem surgens cu-*
currit ad monumentum : et procumbens vidit lin-
teamina sola posita ; et abiit, secum mirans quod
factum esset [3].

Saint Jean, qui accompagnait saint Pierre au
tombeau de Jésus, marque plus distinctement
encore qu'ils y trouvèrent plusieurs linceuls. « Pierre
sortit aussitôt pour aller au sépulcre, et cet
autre disciple avec lui. Ils couraient tous deux ensemble, mais ce disciple devança Pierre et arriva
le premier au sépulcre. Et, s'étant baissé, il vit *les*
linceuls qui étaient à terre, mais il n'entra pas.
Simon-Pierre, qui le suivait, arriva après lui, entra
dans le sépulcre, et vit *les linceuls* qui s'y trouvaient,
et le suaire qu'on lui avait mis sur la tête, lequel

[1] Marc., xv, 46.   [2] Luc., xxiii, 53.
[3] Luc., xxiv, 12.

n'était pas avec *les linceuls*, mais plié dans un lieu
à part [1]. »

Il est donc incontestable que le corps de Jésus a
été enveloppé de plusieurs linges, soit immédiatement
après être descendu de la croix, soit dans la cérémonie de l'embaumement et de l'ensevelissement, et que
les Evangélistes leur donnent même différents noms :
sindon, *sudarium*, *linteamina*.

Sans doute qu'aussi, comme pour l'embaumement
de Lazare, Joseph d'Arimathie et Nicodème se servirent de bandelettes de fin lin pour retenir autour du
corps et de la tête les linceuls qui les couvraient :
*Ligatus pedes et manus institis et facies illius suda-
rio erat præcincta* [2]. Saint Jean, d'ailleurs, l'indique
assez clairement par ces termes : « Joseph et Nicodème reçurent le corps de Jésus et le lièrent dans des
linceuls avec des aromates, selon la manière d'ensevelir qui est ordinaire en Judée : *Acceperunt ergo
corpus Jesu, et ligaverunt illud linteis cum aromatibus, sicut mos est Judæis sepelire* [3]. » C'est ce que
fait parfaitement remarquer l'immortel évêque d'Hip-
pone : « Bien que saint Matthieu, dit-il, saint Marc et
saint Luc, en racontant l'ensevelissement du Sauveur,
ne fassent pas mention de Nicodème, ils n'affirment
pas cependant que Jésus a été enseveli par le seul
Joseph d'Arimathie. De même, bien qu'ils ne parlent
que du linceul acheté par Joseph, ils n'ont pas défendu de croire que d'autres linceuls avaient été

---

[1] Joan., xx, 3, 4, 5, 6, 7.　　　　[2] Ibid., xxi, 44.
[3] Ibid, xix, 40.

apportés par Nicodème ; et, en effet, sans cette supposition, saint Jean n'eût pas dit la vérité en affir-
mant que le corps de Notre-Seigneur n'avait pas été
enveloppé dans un seul linceul, mais bien dans plusieurs. Toutefois, soit à cause du suaire qui couvrait
la tête, soit à cause des bandelettes, qui étaient de
fin lin, comme les linceuls eux-mêmes, quand il n'y
aurait eu qu'un seul suaire, saint Jean aurait eu raison de dire : Ils le lièrent avec des linges. Car le
linge, c'est en général ce qui est tissé avec la toile :
*Verissime, dici potuit : ligaverunt cum linteis. Lin-
tea quippe generaliter dicuntur quæ lino texun-
tur* [1].

D'ailleurs l'Evangile nous fait observer que Joseph
d'Arimathie et Nicodème appartenaient aux premières
familles de la Judée : *Joseph ab Arimathæa nobilis
decurio* [2] ; *Nicodemus, princeps Judæorum* [3] ; et
que tous deux avaient une fortune en harmonie avec
leur haute position sociale : *Venit quidam homo dives
ab Arimathæa, nomine Joseph* [4]. Quand Nicodème
vient au pied du Calvaire pour procéder à l'embaumement, il apporte avec lui cent livres d'une composition
des parfums les plus précieux : *Venit autem et Nicodemus ferens mixturam myrrha et aloes, quasi libras
centum* [5]. On peut donc bien croire que, dans un pays
où l'amitié des vivants ne croyait rien devoir refuser

---

[1] *De consens. Evangil.*, lib. iii, cap. iii.   [2] Marc., xv, 43.

[3] Joan. iii, 1.   [4] Matth., xxvii, 57.

[5] Joan. xix. 39.

aux dépouilles mortelles des défunts, et avec deux disciples comme Joseph d'Arimathie et Nicodème, les linges ne furent pas plus épargnés dans la sépulture de Jésus que la myrrhe, l'aloès et les parfums d'un grand prix.

Si nous nous sommes appesanti sur la pluralité des linges qui servirent à l'ensevelissement de Jésus, c'est parce que plusieurs villes célèbres se sont disputé et se disputent encore l'honneur de posséder de ces suaires, et prouvent par de savantes dissertations l'authenticité de ces reliques sacrées. Nous ne voyons rien, dans ces pieuses prétentions, de contraire à la sainte Ecriture. Les plus célèbres de ces suaires, à notre connaissance, sont ceux de Besançon et de Turin.

Nous avons vu, dans la ville sainte, des représentations fidèles de ces deux suaires. D'après ces représentations, le saint suaire de Besançon aurait eu huit pieds de long et quatre de large, et celui de Turin douze pieds de longueur sur trois de largeur; sur les deux était restée l'empreinte du corps du Sauveur; sur les deux on voit parfaitement la trace des cicatrices des plaies des pieds, des mains et du côté ouvert par la lance. Seulement, ces traces sont beaucoup plus apparentes sur celui de Turin que sur celui de Besançon. Celui de Turin montre, en outre, un front tout couvert de blessures causées par la couronne d'épines; des épaules, des bras, une poitrine labourés par les coups de fouet de la flagellation; des poignets écorchés par les cordes qui les avaient liés;

des blessures nombreuses sur les autres parties du corps ; en sorte que ce suaire était comme un commentaire vivant de ces paroles du Prophète : « Des pieds à la tête, son corps n'est qu'une plaie : *A planta pedis usque ad verticem, non est in eo sanitas ; vulnus, et livor, et plaga tumens* [1].

Le suaire de Besançon a disparu dans la grande tourmente révolutionnaire ; mais son souvenir n'a pas disparu avec lui. Chaque année, le 11 juillet, la métropole et le vaste diocèse de Besançon continuent à célébrer l'antique solennité en l'honneur du saint suaire.

Celui de Turin existe encore. Il est conservé dans la chapelle du palais royal. Nous avons longtemps prié devant cette insigne relique, mais il ne nous a pas été donné de la contempler. Chaque année également, dans tous les anciens Etats du roi de Sardaigne, le 8 mai, on célèbre en son honneur une fête du rit double de première classe avec octave, c'est-à-dire du rit le plus solennel qui soit dans l'Eglise.

Nous ne nous le dissimulons pas, dans tout ce que nous venons de dire, il y a deux parties bien distinctes : l'une de foi divine, l'autre de foi humaine. La première est celle qui s'appuie sur l'Evangile. Ainsi, que Jésus-Christ ait été cloué à la Croix, couronné d'épines, qu'il ait eu le côté percé d'une lance et qu'il ait été enseveli, c'est ce que nous lisons dans le Livre divin, c'est ce que nous croyons fermement,

[1] Is., 1, 6.

c'est ce que nous répétons tous les jours dans nos professions de foi.

La partie humaine de notre récit, c'est ce que nous avons puisé dans les traditions locales, dans les histoires des peuples. Aussi sommes-nous loin de confondre cette seconde partie avec la première. Nous n'y attachons qu'une importance purement humaine; mais, si nous ne devions croire que ce qui est de foi divine, il nous faudrait, comme le calife Omar, jeter au feu toutes les histoires, même l'histoire ecclésiastique, et c'est ce que repousseront toujours avec horreur la raison et la saine critique.

Ce ne sont pas seulement les Eglises particulières, c'est l'Eglise mère et maîtresse de toutes les autres Eglises, c'est l'Eglise de Rome qui a composé des offices et établi des fêtes en l'honneur de la sainte Couronne d'épines, de la sainte Lance et des Clous, et du Suaire de Notre-Seigneur, et qui engage tous ses ministres, évêques et prêtres, et tous ses fidèles répandus dans l'univers catholique tout entier, à réciter ces offices et à célébrer ces fêtes, et d'autres semblables, tous les vendredis du Carême. Nous ne pouvons résister au désir de citer quelques parties de ces offices si riches en belles pensées, si propres à exciter et à nourrir la piété. Il y a toujours, dans la sainte liturgie de l'Eglise, quelque chose qui embaume et enivre l'âme.

Aux nocturnes, c'est-à-dire à l'office de la nuit pour la sainte Lance et les Clous, réunis dans une seule solennité, l'Eglise cite le décret d'Innocent IV pour l'institution de la fête :

« Glorifions-nous dans la très-sainte Passion de notre Rédempteur et Seigneur Jésus-Christ ; méditons-en les mérites et les mystères ; glorifions-nous aussi dans chacun des instruments de cette salutaire Passion. Rappelons-nous surtout que le Sauveur, après avoir rendu l'esprit sur la Croix, laissa percer son côté d'une lance, afin que, des flots de sang et d'eau qui en jailliraient, fut formée la Vierge immaculée, son unique épouse et notre mère, la sainte Eglise. O heureuse ouverture de ce côté sacré, d'où la bonté divine a laissé découler sur nous de si grands et si nombreux bienfaits ! O heureuse lance, qui a pu nous faire tant de bien et servir à la gloire d'un si grand triomphe !

» Cette lance, en ouvrant le côté du Christ, nous a ouvert les portes du royaume céleste ; en déchirant son corps inanimé, elle a guéri nos blessures, nous a rendu la vie, nous a sauvés. En transperçant le juste, elle a effacé nos crimes. Enfin, arrosée des flots d'un sang sacré, elle a dissipé les ténèbres de notre aveuglement et nous a lavés dans l'océan de la divine bonté. Ils sont bénis aussi, ces clous qui ont attaché Jésus à la croix, que ce même sang d'un Dieu a arrosés, et qui ont soutenu un poids si précieux ! ils méritent notre respect et notre vénération. Par les plaies salutaires qu'ils ont faites, nous avons réçu les douces effusions de la divine charité ; nos mains ont été délivrées des liens du péché, et nos pieds des entraves de la mort.

« Quoi de plus saint et de plus salutaire que ces blessures et ces plaies qui nous ont donné la vie, et où les âmes des fidèles peuvent toujours trouver un baume à leur douleur ! Bien que la lance, les clous et les autres instruments de la Passion doivent être vénérés en tout lieu par les serviteurs du Christ, et que, chaque année, dans l'Eglise, l'on célèbre et l'on fasse solennellement les offices de la même Passion ; néanmoins, nous croyons digne et convenable qu'il y ait et qu'on célèbre une fête solennelle et spéciale en l'honneur des instruments particuliers des souffrances de Notre-Seigneur, surtout dans les lieux où l'on dit que ces instruments sont conservés ; et nous croyons devoir, par les offices divins et les grâces accordées, encourager dans leur piété les fidèles du Christ qui ont le bonheur de posséder quelques-uns de ces instruments. »

Les *antiennes*, comme on le sait, sont le plus souvent des versets tirés des Ecritures, tant de l'Ancien que du Nouveau Testament, et qu'on chante avant et après les psaumes des premières et des secondes vêpres. Voici celles que l'Eglise a choisies pour la fête dont nous parlons :

PREMIÈRES VÊPRES. — *Ant.* 1. Un des soldats

lui perça le côté d'une lance, et aussitôt il en sortit du sang et de l'eau [1].

Ant. 2. Ils ont percé mes mains et mes pieds, ils ont compté tous mes os [2].

Ant. 3. Il y en a trois qui rendent témoignage sur la terre, l'esprit et l'eau et le sang, et ces trois ne font qu'un [3].

Ant. 4. Pourquoi êtes-vous troublés, et quelles sont ces pensées qui s'élèvent dans vos cœurs? Voyez mes mains et mes pieds : c'est moi [4].

Ant. 5. Mettez ici votre doigt, et considérez mes mains; approchez aussi votre main et mettez-la dans mon côté [5].

Le monde, par ses perfides enseignements, ses mauvais exemples et ses scandales, cherche sans cesse à nous éloigner de la pratique des commandements de Dieu et de sa sainte Eglise. Mais Jésus, notre souverain pontife par excellence, a vaincu le monde par le sacrifice de sa croix et nous a obtenu, par les mérites infinis de ce même sacrifice, la grâce de le vaincre à notre tour. Il a ainsi purifié le monde de toutes les souillures que le démon lui avait fait contracter, non-seulement avec l'eau, comme Jean-Baptiste, son saint précurseur, mais avec l'eau et le sang qui sont sortis de son côté sacré, sur l'arbre de la

---

[1] Joan., xix, 34.   [2] Ps. xxi, 17.

[3] I Ep. Joan., v, 7.   [4] Luc., xxiv, 39.

[5] Luc., xx, 27.

croix, et qui sont les preuves incontestables de la vérité de son incarnation.

C'est ce que proclame l'Eglise dans le *capitule* ou *petit chapitre*, qu'elle chante à ses enfants rassemblés à l'ombre du sanctuaire, immédiatement après les psaumes et les antiennes de vêpres :

« Mes bien-aimés, qui est vainqueur du monde sinon celui qui croit que Jésus-Christ est le Fils de Dieu ? C'est ce même Jésus qui est venu avec l'eau et le sang, non-seulement avec l'eau, mais avec l'eau et le sang[1]. »

Puis vient l'hymne :

O Lance sacrée, quelle langue pourra dignement reconnaître tes bienfaits ?... C'est toi qui ouvris ce côté où l'Eglise prend naissance.

C'est Eve sortant des flancs de l'homme plongé dans un profond sommeil. Le nouvel Adam lui donne la vie par l'eau et le sang qui jaillissent de son cœur.

Egale reconnaissance vous soit rendue, ô Clous, qui, enfoncés dans les membres sacrés du Christ, avez attaché à la Croix le décret de mort effacé par le sang du Seigneur.

Soyez célébré par les Anges et les Saints, ô Jésus, qui avez conservé l'ouverture des Clous et de la Lance dans les Cieux, où vous vivez et régnez avec le Père et le Paraclet. Ainsi soit-il.

[1] I Ep. Joan., v, 5 et 6.

℣. Ils ont percé mes mains et mes pieds.

℟. Ils ont compté tous mes os.

ANTIENNE DU *Magnificat* DES PREMIÈRES VÊPRES. — Il a effacé le décret qui nous était contraire, il a entièrement aboli le décret de notre condamnation en l'attachant à sa croix [2].

ANTIENNE DU *Magnificat* DES SECONDES VÊPRES. — Il a pris sur lui nos infirmités et il s'est chargé de nos langueurs ; nous l'avons regardé comme un lépreux, comme un homme frappé de la main de Dieu et humilié [1].

———

Voici maintenant les antiennes et l'hymne de l'office de la *Sainte Couronne d'épines*. Que nous désirerions de pouvoir les commenter et en faire remarquer les gracieuses et touchantes allusions! La piété de chacun des lecteurs supplécra à notre silence.

ANTIENNES DES VÊPRES. — *Ant.* 1. Mon bien-aimé éclate par sa blancheur de par sa rougeur : les cheveux de sa tête sont comme la pourpre du roi liée et teinte dans les canaux [2].

Ant. 2. L'esprit de la crainte du Seigneur s'est reposé sur lui : la couronne de la sagesse et de la jubilation a décoré son front [3].

Ant. 3. Le Seigneur l'a revêtu des vêtements du

[1] Colos., II, 14.　　　　[2] Is., LIII, 4.

[3] C., V, 10, et VII, 5.　　　[4] Is., XI, 2. — Eccles., I, 11.

salut et du manteau de la justice, comme l'époux orné du diadème[4].

Ant. 4. Mon bien-aimé est pour moi un bouquet de myrrhe; il demeurera sur mon sein[5].

Ant. 5. Le Roi éternel de gloire, couronné pour nous, bénira le cercle de l'année par l'effusion de ses bienfaits[6].

CAPITULE. Sortez, filles de Sion, et voyez le roi Salomon avec le diadème dont sa mère l'a couronné[1].

HYMNE. — Sortez, filles de Sion, chastes vierges du Roi : voyez la couronne du Christ que sa propre mère lui a tressée.

Sa tête, ensanglantée par les épines, est privée des cheveux qui faisaient son ornement; sa face décolorée semble tournée vers la mort qui s'approche.

Quel désert a produit ces buissons cruels? quel champ a vu naître ces dures épines? quelle main a osé les recueillir?

Ces buissons, rougis du sang du Christ, ont remplacé leurs piquants par des roses; plus précieux que la palme par les fruits qu'ils produisent, ils seront désormais plus propres aux triomphes.

O Christ, les épines qui firent naître les crimes des mortels déchirent votre front : arrachez de nos cœurs celles qui y croissent, et placez-y les vôtres.

Vertu, honneur, louange, gloire à Dieu le Père

---

[1] Is., LXI, 10.   [2] Cant., I, 12.

[3] Ps., LXIV, 12.   [4] Cant., III, 11.

au Fils et à l'Esprit consolateur, dans les siècles des siècles. Ainsi soit-il.

℣. Tressant une couronne d'épines.

℟. Ils la posèrent sur sa tête [2].

ANTIENNE DU *Magnificat* AUX PREMIÈRES VÊPRES. — Sortez, filles de Sion, et voyez le roi Salomon avec le diadème dont l'a couronné sa mère, préparant une croix à son Sauveur.

ANTIENNE DU *Magnificat* AUX SECONDES VÊPRES. — Et, fléchissant le genou devant lui, ils se moquaient et lui disaient : « Je te salue, roi des Juifs! » Et, en lui crachant au visage, ils prirent son roseau et lui en donnaient des coups sur la tête [1].

———

L'office du Saint Suaire, qui se célèbre le vendredi de la deuxième semaine de Carême, ne le cède pas aux offices précédents en sentiments nobles et délicats.

ANTIENNES DES VÊPRES. — *Ant.* 1. Joseph, noble décurion, homme vertueux et juste, et possédant de grands biens, attendait le royaume de Dieu [2].

Ant. 2. Il vint hardiment trouver Pilate et lui demanda le corps de Jésus [3].

---

[1] Matth. XXVII, 29. [2] Matth., XXVII, 29 et 30.
[3] Luc., XXIII, 50 et 51. [4] Marc., XV, 43.

Ant. 3. Pilate, ayant appris du centurion que Jésus était déjà mort, donna le corps à Joseph[4].

Ant. 4. Or, Joseph, ayant acheté un linceul, descendit Jésus de la croix et l'enveloppa dans ce linceul[5].

Ant. 5. Il le mit dans un sépulcre où jamais personne n'avait encore été enseveli[6].

CAPITULE. — Quel est celui qui vient d'Edom et de Bosra, avec sa robe teinte de rouge, qui éclate dans la beauté de ses vêtements et qui marche avec une force toute-puissante? C'est moi dont la parole est la parole de justice, qui viens pour défendre et pour sauver[1].

HYMNE. — Célébrons tous la gloire du saint Suaire; dans nos hymnes de joie et de reconnaissance chantous les monuments sacrés de notre salut !

Il nous les rappelle, ce suaire vénéré, qui fut marqué et embelli du sang d'un Dieu, lorsqu'il enveloppa le corps de Jésus descendu de la croix.

Il redit à notre esprit les atroces douleurs que, dans sa pitié pour Adam déchu, souffrit le Christ rédempteur du genre humain et destructeur de la mort.

Là sont représentés son côté ouvert par la lance, ses

---

[1] Marc, XV, 45.   [2] Ibid., 46.

[3] Ibid., 46 et Joan., XIX, 44.

[4] Is., LXIII, 1. — Par l'Idumée de Bosra, sa capitale, le prophète entend toutes les nations païennes, pour lesquelles le divin Sauveur a versé tout son sang, qu'il asubjuguées, comme un conquérant invincible, et soumises au joug de l'Eternel.

pieds et ses mains transpercés par les clous, ses membres déchirés par les fouets, son front ensanglanté par les épines.

Quelle âme sensible pourrait contempler, sans verser des larmes et pousser de profonds gémissements, les marques qui nous rappellent si éloquemment les tourments d'une mort injuste?

O Christ, puisque notre péché seul vous a tant fait souffrir, notre vie vous est due, et nous vous la donnons !

Gloire et louanges à vous, ô Fils, qui avez racheté le monde par votre sang, et qui régnez avec le Père et le Saint-Esprit. Ainsi soit-il.

℣ Nous honorons votre suaire, Seigneur.

℟ Nous rappelons le souvenir de votre Passion.

ANTIENNE DU *Magnificat* AUX PREMIÈRES VÊPRES. — Joseph, homme vertueux et juste, alla trouver Pilate et lui demanda le corps de Jésus; l'ayant reçu, il l'enveloppa d'un linceul blanc.

ANTIENNE DU *Magnificat* AUX SECONDES VÊPRES. — Un homme riche d'Arimathie, nommé Joseph, ayant reçu le corps de Jésus, l'enveloppa d'un linceul blanc.

Tous ensemble disons donc et répétons souvent, surtout, pendant le saint temps de Carême ces belles prières que l'Eglise elle-même a composées, et qu'elle place sur nos lèvres, à la fin de chacun de ses offices :

O Dieu, qui, dans l'infirmité de notre chair, avez voulu, pour le salut du monde, être percé de clous et blessé par la lance, faites qu'après avoir célébré sur la terre, avec une vénération profonde, la solennité des clous et de la lance, nous nous réjouissions, dans le ciel, de votre triomphe et de votre gloire! ô vous qui vivez et régnez éternellement avec Dieu le Père dans l'unité du Saint-Esprit. Ainsi soit-il.

O Dieu tout-puissant, nous vous en supplions, faites que nous, qui, en mémoire de la passion de Notre-Seigneur Jésus-Christ, vénérons sur la terre sa couronne d'épines, nous méritions un jour d'être couronnés dans le ciel d'une couronne de gloire et d'honneur, par Celui qui vit avec vous éternellement dans l'unité du Saint-Esprit! Ainsi soit-il.

O Dieu, qui nous avez laissé des vestiges de votre Passion dans le saint suaire dont Joseph d'Arimathie enveloppa votre divin corps descendu de la croix, donnez-nous, par votre mort et votre sépulture, de parvenir à la gloire de la résurrection, vous qui vivez et régnez éternellement avec Dieu le Père dans l'unité du Saint-Esprit! Ainsi soit-il.

Et comme notre chère colonie se trouve en ce moment sous le pressoir d'une cruelle tribulation, sous laquelle succombent et sa fortune publique et ses fortunes privées, aux oraisons précédentes ajoutons celle-ci :

« O Dieu clément, montrez-nous votre ineffable miséricorde, afin que nous nous corrigions de tous nos péchés, et que, de votre côté, vous nous délivriez des fléaux sans nombre qu'ils attirent sur nos têtes coupables. Ainsi soit-il.

Oui, comme nous vous l'avons répété bien des fois, *cherchons d'abord le royaume de Dieu*, c'est-à-dire, avec l'aide de la grâce, fruit de cette bienheureuse passion, qui nous est en quelque sorte rendue sensible et palpable par les vénérables reliques dont nous venons de vous parler, montrons-nous fidèles observateurs des commandements de Dieu et de l'Eglise sa sainte épouse, et espérons qu'après les biens spirituels nous viendront les biens temporels, comme le soleil et la pluie dans le temps voulu, la fécondité de la terre, la prospérité du commerce, l'antique réputation de la colonie. Ainsi l'a promis, ainsi l'a voulu Jésus-Christ dans l'Evangile : « Cherchez d'abord le royaume de Dieu, et le reste vous viendra comme par surcroît : *Quærite primum regnum Dei, et cætera adjicientur vobis* [1]. » Mais, hélas ! nous voulons les biens de la terre, nous soupirons après les biens de la terre, nous collons notre cœur aux biens de la terre, et c'est à peine si nous donnons aux biens du ciel une pensée, un désir, un regard !

[1] Matth., vi, 33.

Diocésains bien-aimés, croyez en un Père dont le bonheur ne peut être séparé du vôtre! Nous vous en conjurons les mains jointes et à deux genoux, rapprochez-vous de votre Créateur et de votre Sauveur! Regardez un peu plus le ciel et un peu moins la terre, et vous verrez qui de vous ou de l'Evangile se trompe, qui de vous ou de l'Evangile enseigne la meilleure politique, pour mener ici-bas des jours calmes et honorés, et passer ensuite de cette longue et rude traversée, qu'on appelle la vie, au port de la bienheureuse éternité!

EXAMEN

DU LIVRE INTITULÉ

VIE DE JÉSUS

DE M. RENAN

———

Le lecteur, qui est encore sous le charme de l'éloquence si profondément sentie de Mgr Maupoint en décrivant les saints lieux, peut aisément comprendre combien les sentiments et les croyances du pieux pèlerin ont dû être révoltés en recevant par-delà les mers l'écho des audacieux blasphèmes contenus dans un livre tristement célèbre.

On nous saura donc gré de compléter son pieux travail par les pages savantes et émues que l'éminent prélat a écrites en réponse à M. Renan.

———

Il n'y a pas de *Vie de Jésus* possible sans les Evangiles. M. Renan l'a bien compris. Et comme ces Evangiles se dressaient formidables devant lui pour protester énergiquement contre les rêves ou plutôt contre le cauchemar d'une imagination brûlée par le soleil d'Orient, il n'est pas étonnant qu'il cherche à les déprécier, à les calomnier et à les démolir pièce à pièce. Nous devions nous y attendre. C'est à nous de les défendre et de les venger.

« A quelle époque, par quelles mains, dans quelles conditions les Evangiles ont-ils été rédigés? Voilà donc la question capitale d'où dépend l'opinion qu'il faut se former de leur crédibilité [1]? » Rien de plus aisé que de répondre à ces premières questions.

En consultant nos premiers historiens et nos premiers docteurs de l'Eglise, saint Jérôme surtout, qu'on pourrait appeler le docteur de nos saintes Ecritures par excellence, parce qu'il lui a été donné d'en haut d'en comprendre merveilleusement et l'esprit et la lettre, nous trouvons que le premier Evangile qui ait paru, c'est celui de saint Matthieu. Il évangélisa la Judée d'abord, l'Ethiopie ensuite, où son souvenir est encore très-vivant. C'est avant de partir pour ce dernier pays, qu'il laissa son Evangile à ses compatriotes pour les consoler de son absence. Il le composa en hébreu qui, à cette époque, était plutôt un dialecte du syriaque que l'ancienne langue hébraïque. C'était quelques années seulement après la mort et la résurrection de notre adorable Sauveur.

Saint Marc est le second évangéliste. Il était disciple et comme secrétaire de saint Pierre. C'est de lui que parle le chef du collége apostolique, dans sa première épître, en ces termes : « L'Eglise rassemblée à Babylone et Marc mon fils vous saluent [1]. » Saint Irénée l'appelle aussi : Disciple et interprète de Pierre, *Marcus interpres et sectator Petri* [3]. Quand saint Pierre vint établir son siége à Rome, saint Marc l'accompagna. Les fidèles de Rome prièrent le disciple de rédiger par écrit les instructions du Maître. C'est alors, dit saint Jérôme, que saint Marc écrivit ce court Evangile, comme il l'avait appris de la bouche de saint Pierre. Celui-ci l'approuva, et, en vertu de son autorité apostolique, il le donna à lire à toutes les Eglises [4]. Saint Marc l'écrivit en grec. C'était la langue de commerce de tout l'Orient. Elle était si commune dans la capitale même de l'empire romain, qu'au dire de Juvénal [1] et de Martial [2], les simples femmes du peuple la par-

---

[1] Introduction, page **xv**. Tous les mots soulignés sont tirés mot à mot du livre de M. Renan.

[2] I Petr., v. 13.   [3] Lib. III, adv. Hæres, II.

[4] De Scriptor. Ecclesiast.   [5] Juvénal, satyr. IV, 195.

[6] Martial, x, épigr. 58.

laient. Entre l'Evangile de saint Matthieu et celui de saint Marc,
il ne s'écoula que quelques années.

Saint Luc était disciple de saint Paul, comme saint Marc l'était
de saint Pierre. « Ministre ou compagnon de Paul, dit saint
Irénée, Luc mit par écrit l'Evangile que cet apôtre avait prêché[1].
L'Evangile selon saint Luc, dit saint Athanase, a été prêché, il est
vrai, par l'apôtre saint Paul, mais il a été écrit et édité par saint
Luc qui était médecin[2]. Il écrivit l'Evangile comme il l'avait entendu,
dit aussi saint Jérôme, mais les Actes des apôtres, comme il les avait
vus[3]. Saint Luc lui-même ne nous le cache pas : « Parce que
plusieurs ont tenté de faire un récit des choses qui se sont passées
parmi nous, suivant les traditions que nous ont transmises ceux
qui les ont vues par eux-mêmes dès le commencement et ont
été les ministres de la parole, il m'a semblé bon à moi aussi, qui
ai tout recueilli dès le principe avec un soin diligent, de vous l'é-
crire avec ordre, excellent Théophile, afin que vous sachiez
l'exacte vérité de ce dont vous avez eté instruit[4]. » Les faux
apôtres, en effet, cherchaient à faire passer leur propre enseignement pour celui de saint Paul. Il s'en plaint amèrement dans plusieurs de ses épîtres. C'est pour confondre ces faux apôtres que
saint Luc prit la plume. Saint Jérôme croit que c'est l'Evangile de
saint Luc que l'apôtre appelle le sien, *secundum evangelium
meum*[5], et qu'il cite saint Luc, quand il parle d'un de ses frères
qui avait acquis dans toutes les églises une glorieuse réputation
par la publication de son Evangile : *Misimus etiam cum illo fratrem cujus laus est in Evangelio per omnes ecclesias*[6]. Dans toutes
les traditions, saint Luc est toujours indiqué comme le troisième
évangéliste en date.

Quant à saint Jean, on sait que son Evangile parut le dernier de
tous. Saint Jérôme nous apprend que l'Orient était alors infesté
des hérésies de Cérinthe, d'Ebion et d'autres qui niaient la divinité de Jésus. Tous les évêques des églises fondées per saint Jean
et de nombreuses députations de fidèles le supplièrent de fermer
la bouche de ces impies et de venger la vérité fondamentale du
christianisme. Il n'y consentit qu'après avoir attiré sur lui le secours d'en haut par un jeûne solennel et par des prières pu-

---

[1] Eus., Hist. eccl., lib. v, viii.   [2] In synops.   [3] De Script. eccles.
[4] Luc, 1, 1, 2, 3, 4.   [5] II Tim., ii, 8.   [6] II Cor., viii, 18.

bliques[1]. On voit clairement par ces paroles le lieu et le temps
où saint Jean écrivit son Evangile, et les raisons pour lesquelles
il l'écrivit.

*Voilà à quelle époque et par quelles mains ont été rédigés nos
Evangiles.*

Quant aux *conditions* dans lesquelles ils ont été écrits, les voici :

De nos quatre évangélistes, deux ont passé trois années entières
à la divine école de Jésus. Ils ont entendu de leurs oreilles ses
discours publics et ses entretiens particuliers. Ils ont vu de leurs
yeux tous les faits qu'ils racontent. C'est ce qu'ils nous apprennent
eux-mêmes : « Nous vous annonçons le Verbe de Dieu, qui était
dès le commencement, que nous avons entendu, vu de nos yeux,
contemplé avec attention et touché de nos propres mains[2]. »
Les deux autres évangélistes, il est vrai, n'ont pas eu l'honneur
d'être associés au collége apostolique, mais ils ont été formés et
instruits par ceux-mêmes qui l'avaient été directement par Jésus-
Christ. Entre Jésus et eux, il n'y a qu'un intermédiaire. Et quel
intermédiaire ! Pour l'un, le vicaire même de Jésus, le premier
pape du monde catholique, saint Pierre ! Pour l'autre, saint Paul,
qui avait été converti par Jésus lui-même et avait rapporté du ciel
la sublime théologie qu'il enseigne dans ses immortelles épîtres !
Et c'est sous leurs yeux que saint Luc et saint Marc ont écrit
leurs Evangiles ! Et ils n'ont été répandus parmi les fidèles qu'après
avoir été approuvés par leur autorité suprême !

Maintenant, M. Renan voudrait-il nous permettre de lui demander dans *quelles conditions il a écrit son évangile.* Sa fameuse
introduction nous l'apprend. Il a consulté : 1° *les Evangiles*[3] qu'il
travestit indignement, comme nous allons bientôt le voir ; 2° *les
apocryphes de l'Ancien Testament,* parmi lesquels il cite deux livres
qui n'en ont jamais fait partie : *Daniel et la partie juive des vers
sibyllins,* et un autre livre dont pas homme vivant ne connaît
plus d'une sentence ; 3° *Philon,* qui n'a jamais parlé de Jésus ;
4° Josèphe, qui en a bien parlé, mais dans un morceau dont
M. Renan dit : « On sent seulement qu'une main chrétienne l'a
retouché, y a ajouté quelques mots sans lesquels ils eut été presque
blasphématoire, a peut-être retranché ou modifié quelques ex-

---

[1] In præmio Comment. in S. Matth.   [2] S. Jean, I, 1.
[3] Introduction, page IX.

pressions[1]. » 5° *le Talmud*, « compilation bizarre, » ajoute M. Renan, où tant de précieux enseignements sont mêlés à la plus insignifiante scholastique[2]. » Enfin, M. Renan avoue avoir fait beaucoup d'emprunts à la philosophie rationaliste allemande, qui s'est montrée bien peu reconnaissante d'un pareil emprunt, puisque les membres les plus éminents des universités allemandes n'ont accueilli son ouvrage qu'avec un ironique dédain, comme une véritable insulte à la saine critique et à la vraie science. Telles sont les sources où M. Renan a puisé le cinquième évangile.

Nous vous laissons maintenant le soin de décider lesquels, des évangélistes ou de M. Renan, étaient dans de meilleures *conditions* pour écrire la vie de Jésus.

Voyons maintenant *dans quelle mesure les données fournies par les évangélistes peuvent être employées dans une histoire dressée selon les principes rationnels*[3].

« On sait, dit d'abord M. Renan, que chacun des quatre Evangiles porte en tête le nom d'un personnage connu soit dans l'histoire apostolique, soit dans l'histoire évangélique elle-même. Ces quatre personnages ne nous sont pas donnés rigoureusement comme des auteurs. Les formules, selon Matthieu, selon Marc, selon Luc, selon Jean, n'impliquent pas que, selon les plus vieilles opinions, ces récits eussent été écrits d'un bout à l'autre par Matthieu, par Marc, par Luc et par Jean; elles signifient seulement que c'étaient là des traditions provenant de chacun de ces apôtres et se couvrant de leur autorité[4]. »

D'après ces citations et bien d'autres que nous pourrions indiquer, il n'est pas difficile de comprendre ce que pense M. Renan de l'authenticité de nos Evangiles.

Que répondrons-nous à ces fausses allégations ? Ce que saint Augustin répondait aux hérétiques de son temps : « D'où savons-nous que Platon, Aristote, Cicéron, Varron et autres écrivains sont les véritables auteurs des ouvrages qui portent leurs noms, si ce n'est qu'eux-mêmes, en ayant averti leurs contemporains, cette connaissance est venue jusqu'à nous *par voie de tradition*[5]. » Comment savons-nous, en effet, que non-seulement Platon, Aristote, Cicéron, Varron, mais encore que les Homère, les

---

[1] Introduction, page x.   [2] Ibid., page xii.   [3] Ibid., page xv.
[4] Ibid., page xvi.   [5] Lib. iii, cont. Faust., vii.

Virgile, les Horace, les Desmothène, les Tite-Live, les Jules-César, les poëtes, les orateurs, les historiens et anciens et nouveaux qui composent nos bibliothèques, sont réellement les auteurs des ouvrages qui portent leurs noms? Par voie de tradition. C'est donc par voie de tradition, conclut ce grand docteur, que nous pouvons savoir que nos saints Evangiles sortent de la plume des quatre auteurs appelés saint Matthieu, saint Marc, saint Luc et saint Jean. Bornons-nous aux quatre premiers siècles, car il n'y a plus de doutes pour les siècles postérieurs,

Au quatrième siècle, nous avons les puissants témoignages des Augustin, des Jérôme, des Ambroise, des Chrysostôme, des Grégoire de Nazianze et de Nysse, des Epiphane et de tous ces immortels docteurs de ce même siècle, qui faisaient leurs plus chères délices de lire et de commenter à leurs peuples les saints Evangiles. Saint Jean Chrysostôme a aussi expliqué tout l'Evangile de saint Matthieu; saint Jérôme, celui de saint Marc; saint Ambroise, celui de saint Luc; saint Augustin, celui de saint Jean. Tous les autres en ont expliqué des passages plus ou moins considérables. Les uns les comparent aux quatre vents principaux qui soufflent des quatre points cardinaux et entretiennent perpétuellement la vie des âmes; d'autres, aux quatre grands fleuves du paradis terrestre dont les eaux arrosent, réjouissent et fécondent l'Eglise de Dieu; ceux-ci, aux quatre angles dans lesquels étaient passés les bâtons qui portaient l'arche dans les différents campements; ceux-là, aux quatre éléments dont se composent toutes les choses humaines, ou bien aux quatre animaux qui traînaient le char de la vision d'Ezéchiel[1]. Ces allégories, sans nul doute, ne donnent pas la vraie raison du nombre des évangélistes et des Evangiles, mais elles indiquent très-clairement ce nombre, et de tous ces vénérables et savants docteurs, non-seulement aucun n'a jamais douté de l'authenticité de ces Evangiles, mais ils la vengent contre les attaques des hérétiques et des schismatiques de leur temps, et l'appuient sur des bases solides et inébranlables.

Au troisième siècle, le prodige de son temps, Origène, nous affirme que c'est des premiers siècles qu'il a appris à révérer les évangélistes, et il les appelle tous par leurs noms : *Primum scilicet Evangelium accepimus scriptum esse a Matthæo, secundum*

____
[1] Ezech., I, 5.

fuisse Marci, tertium Lucæ, postremum vero Joannis[1]. Clément
d'Alexandrie, chef de la célèbre école de ce nom, réfute l'hérétique
Cassian qui lui opposait des objections tirées d'un prétendu *Evan-*
gile selon les Egyptiens, en lui disant : « Ce que vous m'objectez
peut bien se trouver dans ce faux évangile, mais il ne se trouve
pas dans les quatre Evangiles que nous a transmis l'Eglise : *Hoc*
non habemus in nobis traditis quatuor Evangeliis[2]. Tertullien répond aussi à Marcion, fameux hérétique auquel M. Renan ne
craint pas de comparer saint Luc, et qui ne voulait reconnaître
que ce dernier Evangile : « La même autorité des Eglises aposto-
liques prouve aussi bien en faveur des Evangiles de Jean, de
Matthieu et de Marc qu'en faveur de saint Luc. Pourquoi donc
Marcion refuse-t-il de les reconnaître pour ne s'attacher qu'à
celui de saint Luc[3] ? »

Au second siècte, saint Irénée était évêque de Lyon : c'était
l'Orient qui l'avait envoyé à l'Occident. Or, dans son ouvrage *contre*
les hérésies, il nous apprend qu'il y a quatre Evangiles, ni plus ni
moins : *Neque autem plura numero quam hæc sunt, neque rursus*
pauciora[4], et il les appelle tous par leurs noms ? D'où le savait-il ?
De son maître saint Polycarpe, qui lui-même l'avait appris de
l'évangéliste saint Jean, par lequel il avait été élevé à l'apostolat.
Quelle tradition ! quelles lumières ! A peu près à la même époque,
un disciple de Platon converti au christianisme par la lecture des
Evangiles, saint Justin, présentait à l'empereur Antonin, à ses
fils, au sénat et au peuple romain une éloquente apologie en
faveur des chrétiens. Il entre dans des détails intéressants sur les
croyances, la morale et le culte des chrétiens. En parlant des
assemblées des dimanches, il indique clairement qu'on interrom-
pait le saint sacrifice de la messe pour lire publiquement les com-
mentaires des apôtres qu'on appelait les Evangiles, *quæ vocantur*
evangelia, et qu'aussitôt que le lecteur avait cessé, celui qui pré-
sidait adressait un discours au peuple pour l'exhorter à imiter de
si belles choses. C'est ce qui se fait encore aujourd'hui. Saint Justin parle de cette lecture comme d'un usage ancien déjà dans
l'Eglise. Or un usage ancien déjà dans l'Eglise en l'an 150 ne
doit-il pas remonter jusqu'aux apôtres ?

[1] In S. Matth.   [2] Stromat., lib. III.
[3] Lib. III, cont. Marc., V.   [4] Cont. hæres., lib. III, II.

Enfin, dès le premier siècle, nos Evangiles sont cités dans les lettres de saint Polycarpe, de saint Ignace, évêque d'Antioche, de saint Clément, successeur de saint Pierre, et d'Hermas, que saint Paul salue, dans son Epître aux Romains, comme l'un des plus saints et des plus illustres personnages de l'Eglise de Rome[1].

Alors, de deux choses l'une ; ou il faut admettre que les quatre premiers siècles regardent nos Evangiles comme très-authentiques, et que, par une succession non interrompue, ils remontent jusqu'aux Apôtres eux-mêmes, ou bien que tous les ouvrages de ces siècles qui en parlent longuement sont eux-mêmes supposés. La monstruosité de cette dernière hypothèse n'en est-elle pas la meilleure réfutation ?

Toutefois quelque imposants qu'ils soient, ces témoignages, que sont-ils auprès de la voix formidable de l'Eglise entière rassemblée dans ses conciles particuliers et dans ses conciles généraux ? Or, écoutons-la au concile œcuménique de Trente : « Si quelqu'un ne reçoit pas pour sacrés et canoniques les livres suivants dans toutes leurs parties, tels qu'ils ont coutume d'être lus dans la sainte Eglise catholique et qu'ils sont contenus dans l'ancienne Vulgate latine, qu'il soit anathème[2]. » Et les quatre Evangiles sont cités, à la tête des livres du Nouveau Testament, comme l'œuvre de saint Matthieu, de saint Marc, de saint Luc et de saint Jean. Mais cette solennelle proclamation n'est que l'écho fidèle des siècles antérieurs. Sans nous arrêter aux siècles intermédiaires, nous la retrouvons dans les actes de deux autres conciles des premiers siècles, tenus l'un en Orient, à Laodicée[3], l'autre à Carthage, sous saint Augustin[4]. Ce sont les propres paroles de ce dernier concile que cite le pape Innocent Ier, à Exupère, évêque de Toulouse, qui le consultait sur les livres saints.

Or cette Eglise, jusqu'où remonte-t-elle ? Evidemment jusqu'à Jésus-Christ. C'est lui qui l'a fondée ; c'est lui qui a ordonné ses premiers prêtres et ses premiers évêques. C'est lui qui a établi Pierre chef de cette Eglise et lui a confié les clefs du royaume des cieux. C'est lui qui l'a chargé d'enseigner toutes les nations de la terre, de les baptiser au nom du Père, du Fils et du Saint-

[1] Rom., xvi, 14.   [2] Sess. iv, Dec. de Canonic. Scrip.
[3] Labbe, t. i, col., 1208.   [4] Ibid., t. ii, col. 1258.

Esprit, et de leur apprendre à observer toutes les choses qu'il avait prescrites. Et pour stimuler son zèle et la placer au niveau d'une pareille mission, il lui promet de l'assister de la toute-puissance qu'il avait reçue au ciel et sur la terre jusqu'à la consommation des siècles : *Et ecce ego vobiscum sum omnibus diebus usque ad consummationem sæculi*[1]. C'est en vertu de cette sublime mission que l'Eglise a paru dans le monde et a revendiqué sa place au soleil. Depuis lors jusqu'à nous, pas un moment où il n'y ait eu dans l'Eglise un Pierre, les yeux sans cesse tendus sur l'univers entier; pas un moment où les successeurs des Apôtres, chacun à la tête de son diocèse, n'ait secondé de tous ses efforts sa vigilance et son zèle; pas un moment où chaque pasteur, sous l'autorité des évêques, n'ait maintenu son troupeau dans la bergerie du Seigneur; pas un moment où tous ensemble n'aient enseigné tout ce que le Seigneur avait ordonné, et proscrit et condamné tout ce qui pouvait nuire à cet enseignement. Or où est contenu tout ce que le Seigneur avait ordonné? Dans l'Evangile évidemment. Et si ce livre n'était pas réellement le fruit de l'inspiration de l'Esprit-Saint, s'il n'avait pas été écrit par ceux dont il porte le nom, s'il ne contenait pas la parole de Dieu, s'il avait été composé tel que le veut l'auteur que nous combattons, l'Eglise elle-même l'eût-elle présenté à toutes les générations comme contenant son acte de naissance et ses titres de noblesse, comme son oracle et son plus riche trésor après la sainte Eucharistie? Lui aurait-elle donné la place d'honneur dans tous ses conciles? Eût-elle fait porter devant lui des cierges allumés dans toutes ses cérémonies et lui aurait-elle présenté l'encens comme à Jésus lui-même? Le croira qui voudra! Pour nous, qui craignons, autant que l'enfer, les anathèmes de l'Eglise, qui croyons à sa mission divine sur la terre, à la vérité des promesses que Jésus lui a faites, à son infaillibilité, nous croyons, par conséquent, que les Evangiles sont authentiques, parce que l'Eglise l'a toujours enseigné, l'enseigne et l'enseignera toujours, tant que Jésus sera avec elle, c'est-à-dire jusqu'à la consommation des siècles.

« Ce qui est indubitable, dit encore M. Renan, c'est que de très-bonne heure on mit par écrit les discours de Jésus en langue araméenne, que de bonne heure aussi on écrivit ses actions re-

---

[1] Matth., XXVIII.

marquables. Ce n'étaient pas là des textes arrêtés et fixés dogma-
tiquement. On attachait peu d'importance à ces écrits, et les con-
servateurs, tels que Papias, y préféraient hautement la tradition
orale. De là le peu d'autorité dont jouirent, durant 150 ans, les
textes évangéliques. On ne se faisait nul scrupule d'y insérer des
additions, de les combiner diversement, de les compléter les unes
par les autres. Le pauvre homme qui n'a qu'un livre veut qu'il
contienne tout ce qui lui va au cœur. On se prêtait ces petits livrets,
chacun transcrivait à la marge de son exemplaire les mots, les
paraboles qu'il trouvait ailleurs et qui le touchaient. La plus belle
chose du monde est ainsi sortie d'une élaboration obscure et
complétement populaire. Aucune rédaction n'avait de valeur
absolue [1]. »

Du moment que M. Renan regardait les Evangiles comme des
compositions impersonnelles où l'auteur disparait complétement [2],
il fallait bien qu'il expliquât comment les Evangiles se sont formés.
Or voici le système qu'il a inventé : *De très-bonne heure on a
mis par écrit les discours de Jésus et ses actions remarquables.*
C'est le germe autour duquel tout le reste s'est développé. C'est
le levain qui a fait lever toute la pâte. *On ne s'est fait ensuite nul
scrupule d'y insérer des additions, de les combiner diversement,
de les compléter les unes par les autres. On se prêtait* les uns aux
autres *ces petits livrets; chacun transcrivait* dans le sien ce qu'il
n'avait pas et *ce qu'il trouvait ailleurs.* Mais qui le premier *a
mis par écrit les discours et les actions remarquables de Jésus ?*
M. Renan ne le dit pas. C'est tout le monde, et ce n'est personne.
C'est comme une espèce de bouillonnement naturel du chaos qui,
de ces *additions*, de ces *combinaisons*, de ces *compléments*, de
ces *transcriptions*, de ces *notes*, de ces *livrets*, a produit *la plus
belle chose du monde.* Et cette *élaboration obscure et complétement
populaire*, M. Renan nous la donne comme *indubitable.* Autant
dire que Raphaël et Murillo ont produit leurs chefs-d'œuvre en
jetant les couleurs pêle-mêle sur leurs toiles ! Ne serait-ce pas là
un miracle du premier ordre?

Ce qu'il y a pour nous *d'indubitable*, c'est que M. Renan ne
craint pas d'appliquer à nos Evangiles un procédé qu'il ne

<hr>

[1] Introduction, page XXII.

[2] Ibid., page XVII.

voudrait, qu'il n'oserait appliquer à aucun texte des ouvrages anciens et modernes!

Que dirait-il, en effet, si l'un de ses élèves venait soutenir devant lui que nous n'avons pas les textes originaux d'Homère et de Virgile, de Démosthène et de Cicéron; *que ce n'étaient pas là des textes arrêtés et fixés; qu'on y attachait peu d'importance, et qu'on ne se faisait nul scrupule d'y insérer des additions, de les combiner diversement, de les compléter les unes par les autres; qu'ainsi les plus beaux écrits du monde sont sortis d'une élaboration obscure et complétement populaire?* N'accueillerait-il pas une pareille découverte par un immense éclat de rire?

Et l'on voudrait que nos Evangiles eussent été traités moins scrupuleusement que les livres de l'antiquité?

Qui importait donc plus au bonheur de l'humanité, de ces livres ou de nos Evangiles? Les ouvrages d'Homère et de Virgile, que renferment-ils, sinon des fables et des jeux d'imagination? Et les harangues de Démosthène et de Cicéron, qu'apprennent-elles aujourd'hui, sinon à bien arrondir ses périodes, à cadencer ses phrases et à flatter les oreilles?

Dans l'Evangile, au contraire, que trouvons-nous? l'accomplissement de toutes les prophéties qui avaient cours dans le monde sur l'avènement du Messie, son caractère, sa vie, ses discours, sa doctrine, sa morale, son culte, la vocation de ses Apôtres, la fondation et la mission de son Eglise, sa passion, sa mort, sa résurrection et son ascension, en un mot le Testament Nouveau qui met le monde en possession de tout ce qu'avait promis l'Ancien. C'est le Testament Nouveau et éternel. Après lui, il n'y en aura plus d'autres. Le genre humain tout entier n'est-il pas intéressé au dernier degré à ces grands mystères?

De plus, de tous les ouvrages de l'antiquité, il n'a jamais circulé que quelques rares exemplaires, relégués dans les bibliothèques privées ou publiques. Aussi auraient-ils aujourd'hui complétement disparu, s'il ne s'était rencontré quelques-uns de ces moines que les faux savants méprisent tant aujourd'hui, et qui, épris d'une belle passion pour les vieux parchemins, se sont mis à souffler sur la poussière qui les recouvrait, à déchiffrer des caractères presque illisibles, à rétablir la pureté des textes, à les recopier avec une peine infinie, et à les sauver, par ce moyen, d'un naufrage inévitable !

Au contraire, à peine les Evangiles sont-ils sortis de la plume des Apôtres, que l'Eglise a veillé sur ces précieux manuscrits plus tendrement que sur la prunelle de son œil. Ne les touchait pas qui voulait. Il n'était permis qu'à des hommes investis de la confiance générale, à des notaires publics, d'en tirer des copies. Avant d'être répandues parmi les fidèles, elles étaient soigneusement confrontées avec les originaux. Comment, avec une vigilance si minutieuse, si extraordinaire, *les additions et combinaisons diverses* dont parle M. Renan auraient-elles pu se glisser sournoisement dans ces copies? Il suppose que chaque fidèle avait son exemplaire. Nous ne le nions pas, car plus ces copies se sont multipliées, et plus ce travail souterrain est devenue impossible. Serait-ce tout à coup, en effet, que ces falsifications auraient eu lieu? Mais comment se seraient-elles introduites en un même jour, dans tous les exemplaires? serait-ce insensiblement? auraient-elles commencé par un, par deux, par trois. par vingt, par trente, par cent exemplaires, et peu à peu, comme une gangrène qui s'étend, auraient-elles gagné tous les autres? Mais, comme nous l'apprend saint Justin, les Evangiles étaient lus et chantés publiquement dans toutes les églises, et aucun fidèle n'aurait remarqué la différence qui existait entre son exemplaire et celui dont se servait l'Eglise? Ou plutôt il faudrait supposer une vaste conspiration qui aurait englobé le monde, et dans laquelle seraient entrés non-seulement tous les fidèles, mais encore tous les prêtres, tous les évêques et tous les papes? Que d'adsurdités ne faut-il donc pas dévorer pour se permettre d'outrager ainsi le bon sens et la simple raison ?

M. Renan affirme *que les textes évangéliques ont joui de peu d'autorité pendant 150 ans.* Quelle preuve donne-t-il d'une aussi étrange assertion? Aucune. Sa parole suffit. Il l'a dit, *c'est indubitable.* Pour nous, nous croirions, au contraire, que c'est pendant les premiers siècles que *les textes évangéliques ont joui de la plus grande autorité;* car enfin ces siècles ne sont-ils pas ceux des Apôtres, et de leurs plus chers disciples, de leurs premiers successeurs? Or les Apôtres, ces hommes si dévoués à la gloire du divin Maître, et qui, pour répandre à pleines mains sa doctrine dans les sillons de l'humanité, ne savaient pas ce que c'était de pâlir devant les verroux des cachots, les glaives, l'exil, les échafauds et les bûchers, à la vue des indignes travestissements qu'on aurait fait subir à l'Evangile, n'auraient-ils pas fait retentir l'écho de tous les rivages de leurs trop légitimes réclamations? Et comment ne resterait-il pas trace de ces réclamations dans l'histoire? Et leurs premiers disciples, héritiers de leur foi, de leur dévouement au salut des âmes, de leur attachement profond *au texte évangélique*, auraient-ils supporté plus patiemment que leurs maîtres *les additions et combinaisons diverses*? N'auraient-ils pas plutôt pris en flagrant délit les coupables? Ne les auraient-ils pas signalés aux fidèles comme des corrupteurs de la parole de Dieu, et traité comme saint Paul lui-même avait traité Alexandre, Hyménée et l'incestueux de Corinthe : *quos tradidi Satanæ ut non discant blasphemare* [1]? Saint Jean lui-même n'avait-il pas menacé de la même punition les violateurs du texte sacré : « Je déclare à tous ceux qui entendront les paroles de la prophétie renfermée dans ce livre, que si quelqu'un y ajoute quelque chose, Dieu le frappera des plaies qui sont écrites dans ce livre, et que si quelqu'un retranche quelque chose du livre qui contient cette prophétie, Dieu l'effacera du livre de vie et l'exclura de la ville sainte [2]? » Aussi, est-ce *dans les* 150 *premières années* de l'ère vulgaire que les Apôtres et leurs disciples ont foudroyé les faux évangiles qui, pour mieux surprendre la confiance des fidèles, paraissaient sous les noms les plus vénérés, comme ceux de saint Pierre, de saint Paul, de saint André ! C'est dans les deux premiers siècles qu'au rapport de Tertullien, un prêtre qui s'était permis une pieuse fraude en ce genre, fut condamné et dégradé publiquement du sacerdoce [3]. C'est pendant les deux premiers siècles que les Césars, souverains pontifes du paganisme, recherchaient les Evangiles avec plus d'empressement encore que les chrétiens, parce qu'ils savaient que c'étaient ces livres sacrés qui les empêchaient de jeter le grain d'encens devant les idoles et les retenaient dans la religion de Jésus. Où sont, leur disaient-ils, ces livres auxquels vous rendez un culte poussé jusqu'à l'adoration : *quos adorantes colitis* [4]? Prenez nos têtes, répondaient ces fiers

----

[1] I Tim., i, 20.   [2] Jean, xxii, 18 et 19.

[3] De Baptismo, xvii.   [4] Acta Martyrum, par Dom Ruinart.

athlètes de Jésus, mais vous n'aurez pas nos livres. Et ils mouraient plutôt que de les livrer. Ceux qui avaient la faiblesse de
céder s'imprimaient sur le front, comme avec un fer rouge, l'épithète d'*apostats*.

Remarquez cette expression : *quos adorantes colitis*. Les païens
avaient-ils une idée exagérée du culte que rendaient les premiers chrétiens à nos livres sacrés? Nullement. Le mot n'est
trop fort ni dans la bouche des païens, ni dans la bouche des chrétiens. La parole de Dieu est tout aussi adorable que la sainte
Eucharistie. Le plus éloquent de nos orateurs français fait ressortir admirablement cette vérité dans un de ses sermons [1].

Loin donc d'admettre avec M. Renan que la *plus belle chose du
monde soit sortie d'une élaboration obscure et complétement populaire*, nous soutenons qu'elle est sortie *d'une élaboration* aussi
claire que le soleil dans son midi, *de l'élaboration* de nos évangélistes seuls. Leur œuvre est sortie de leurs mains fondue tout d'un
jet, comme la statue des mains du statuaire. Rien n'y a été ajouté,
rien n'en a été retranché. Ce sont, pour nous servir de la comparaison de S. Cyprien, de S. Jérôme et d'autres Pères de l'Eglise,
quatre fleuves majestueux dont les eaux profondes et rapides
arrosent et réjouissent l'Eglise de Dieu, sans admettre dans leur
courant aucune eau étrangère ni aucun élément hétérogène qui
puisse en ternir la limpidité et l'éclat.

D'après ce que nous venons de dire, nous pouvons bien
penser, sans jugement téméraire, que M. Renan n'accorde
qu'une médiocre confiance au récit des Evangiles. Il n'est pas
permis d'en douter, en l'entendant émettre un principe comme
celui-ci : *Jusqu'à nouvel ordre, nous maintiendrons ce principe
de critique historique, qu'un récit surnaturel ne peut être admis
comme tel, qu'il implique toujours crédulité ou imposture* [2]. Or
il n'est pas une parole, pas une action, pas un conseil, pas
un précepte de Jésus qui ne soient éminemment surnaturels.
La rédaction elle-même de l'Evangile est surnaturelle, puisqu'elle
a été inspirée par l'Esprit-Saint. Enlevez le surnaturalisme de
l'Evangile, que restera-t-il? Absolument rien. Il est donc clair
qu'aux yeux de M. Renan, il n'y a dans l'Evangile que *crédulité* ou

[1] Bossuet, Sermon sur *la parole de Dieu*.
[2] Introduction, page LII.

imposture. Il ne nous laisse que le choix entre les deux parties de ce dilemme. Raisonnons.

Est-il vrai que les évangélistes sont des gens *crédules* qui n'ont écrit que des *légendes semblables aux légendes des saints, aux vies de Plotin, Proclus, Isidore et autres écrits du même genre ?* Si les évangélistes avaient écrit la vie de Jésus au dix-neuvième siècle, si Jésus lui-même était un personnage aussi obscur que *Plotin*, *Proclus* et *Isidore*, nous concevrions jusqu'à un certain point qu'ils eussent pu être trompés par l'éloignement, par de faux rapports ; mais les faits qu'ils racontent, ils en ont été les témoins oculaires, ou ils ne les tiennent que de témoins oculaires ; ces faits ne se sont pas seulement passés devant eux, mais devant des populations et des provinces entières ; comment auraient-ils pu être trompés sur ces faits? nous pensions naïvement que ce n'était qu'après des siècles et des siècles que les faits se métamorphosaient quelquefois en *légendes*.

Est-ce à cause de l'ignorance qu'ils auraient été trompés? Sans doute ils n'avaient pas fréquenté les académies de Rome et d'Athènes ; sans doute, avant d'avoir reçu le Saint-Esprit, ils ne connaissaient que leurs barques et leurs filets, et le lac de Génésareth. Mais le feu du Saint-Esprit a brûlé cette ignorance native comme une paille légère. A l'école d'un pareil maître, ils ont fait en religion des progrès incalculables. Qui ensuite a mieux compris les saintes Ecritures et les a plus heureusement appliquées? qui a nagé dans un plus grand océan de lumières ? Or, ce n'est qu'après avoir reçu toute la plénitude des dons du Saint-Esprit que les évangélistes ont écrit leur Evangile ! Le temps serait donc mal choisi pour les accuser d'ignorance.

Mais, en ne considérant les apôtres que comme des écrivains ordinaires, avaient-ils besoin d'une grande science pour s'assurer de la vérité des faits et des discours qu'ils rapportent ? Sur quoi repose l'administration de la justice? Sur le témoignage des sens. Les juges demandent-ils aux témoins qu'ils citent à leur barre s'ils sont bacheliers ès-sciences ou ès-lettres, s'ils parlent des langues étrangères, si même ils savent lire ou écrire ? Qu'avez-vous-vu ? qu'avez-vous entendu ? Telles sont les seules questions qu'on leur adresse. Leurs dépositions sont écoutées dans un religieux silence, recueillies avec une scrupuleuse attention. Et c'est

sur elles qu'on décide de la fortune, de la liberté et de la vie des
citoyens! Sur quoi repose la société tout entière? Sur la même
base que la justice. Qu'on remue cette base, qu'on l'enlève; la
société tombe à l'instant même dans l'état sauvage. Avons-nous
le droit d'être plus exigeants envers les évangélistes que la justice
envers les inculpés, la société vis-à-vis de tous les membres qui
la composent? Les évangélistes ont vu et entendu ce qu'ils racontent : donc, si nous les supposons de bonne foi, leurs récits
méritent toute notre confiance, sans qu'on puisse prétexter leur
ignorance prétendue.

Serait-ce leur enthousiasme pour Jésus qui les aurait rendus
crédules? M. Renan l'insinue clairement : « Uniquement attentifs
à mettre en saillie l'excellence du Maître, ses miracles, ses enseignements, les évangélistes montrent une entière indifférence pour
tout ce qui n'est pas l'esprit même de Jésus... Sans contredit, une
part d'idées préconçues dut se mêler à de tels souvenirs. Plusieurs récits, surtout de Luc, sont inventés pour faire ressortir vivement certains traits de la physionomie de Jésus[1]. »

Rien de moins fondé que cette allégation.

Qu'on nous cite une réflexion de nos évangélistes, une seule qui
ait pour but *de mettre en saillie* les nombreuses guérisons de
sourds, de muets, d'aveugles, de boiteux, de paralytiques, de lépreux, le changement d'eau en vin aux noces de Cana, les multi-
plications miraculeuses des pains, les résurrections de la fille de
Jaïre, du fils unique de la veuve de Naïm et de Lazare! Pas un
mot, ni *sur les miracles* ni *sur les enseignements*, qui sente l'admiration, l'amitié, la chaleur, l'entraînement du cœur. Ils parlent
sans étonnement des choses les plus étonnantes. On dirait même,
à les entendre, *qu'ils montrent une entière indifférence* pour tout
ce qui peut voiler, diminuer, anéantir la gloire de Jésus. S'in-
dignent-ils contre les nombreuses contradictions qu'il éprouve de
la part des prêtres, des scribes, des pharisiens, des docteurs de
la loi, et les piéges indignes cachés à chaque instant sous ses
pas? contre l'ingratitude du peuple, la trahison de Judas, l'injustice des juges, la faiblesse de Pilate, le triple reniement de
saint Pierre, les barbares traitements qu'il éprouve dans le cours
de sa passion, et sa condamnation à mort? Son crucifiement lui-

[1] Introduction, page XLV.

même, comment le racontent-ils ? On a vraiment peine à en croire ses yeux : Et là ils le crucifièrent : *Et crucifixerunt eum*[1]. Si un pareil langage était de la terre, il serait bien coupable. Mais l'Evangile vient du ciel, et le ciel ne s'émeut pas. S'il y a ici quelque chose *d'inventé*, ce ne peut donc être que l'accusation qui transforme les évangélistes en hommes d'imagination, en enthousiastes.

La crédulité écartée, reste *l'imposture*.

Toujours d'après M. Renan, « les Evangiles de Matthieu et de Marc n'ont pas, à beaucoup près, le même cachet individuel[2]. Saint Luc nous montre le caractère du Fondateur avec un bonheur de trait, une inspiration d'ensemble que n'ont pas les autres synoptiques[3] ; saint Jean nous donne un canevas de la vie de Jésus qui diffère essentiellement des autres. Il met dans la bouche de Jésus des discours dont le style, le ton, les allures, les doctrines n'ont rien de commun avec les discours rapportés par les autres synoptiques[4]. »

Nous convenons volontiers avec M. Renan que *le ton, le style, les allures* des évangélistes diffèrent essentiellement entre eux ; mais au moins que M. Renan convienne avec nous qu'ainsi n'agissent pas les autres imposteurs.

Si nos évangélistes avaient voulu tromper, qu'eussent-ils fait ? Ils se seraient abouchés et auraient combiné leurs efforts pour ne rédiger en commun qu'un seul livre, où ils auraient soigneusement évité *les différences de style, de ton, d'allures*, et tout ce qui aurait pu prêter le flanc à la critique. Mais non. Ils écrivent sans se communiquer leurs projets, sans se voir, sans s'entendre, sans même soupçonner qu'il puisse se glisser la moindre difficulté dans leurs écrits. Les uns rapportent des circonstances, les autres les omettent ; ceux-ci les placent un peu plus tôt, ceux-là un peu plus tard. Ils ne s'en préoccupent en aucune façon.

Du reste, malgré ces différences *de ton, de style, d'allures*, nos quatre évangélistes s'accordent merveilleusement en tout. Leurs contradictions ne sont qu'apparentes : elles s'évanouissent devant les explications de nos saints docteurs comme les nuages devant le soleil. Aussi avons-nous des *vies de Jésus* composées d'après

[1] Luc, XXIII, 33,
[2] Introduction, page XVIII.
[3] Introduction, page XLII.
[4] Ibid., page XXIX.

la concordance des quatre évangélistes et où aucun texte n'est laissé de côté. Nul n'a fait, à ce sujet, un travail plus savant et plus consciencieux que saint Augustin dans ses quatre livres sur l'accord parfait des quatre évangélistes[1]. Des historiens qui écrivent la même histoire dans des temps et des lieux différents, et sans s'être préalablement concertés, et qui s'accordent si bien sur le caractère, *les miracles, les enseignements, la physionomie,* la vie et la mort de Jésus, ne sont assurément pas des écrivains chez qui *l'on sent parfois des indices qui mettent en garde contre la bonne foi du narrateur*[2].

Les évangélistes, des imposteurs! Mais comment nos évangélistes ont-ils passé leur vie? Ramener les hommes des affreuses ténèbres du paganisme à l'admirable lumière de la foi, flétrir les fourberies, les mensonges, le parjure, et tous les vices qui avilissent, dégradent et souillent les âmes, et faire régner sur leurs débris la droiture, la vérité, la justice, et le code de morale le plus propre à honorer, relever et glorifier l'humanité, telle a été leur unique occupation sur la terre. La main sur la conscience, est-ce là la vie que mènent les fourbes et les hypocrites? Et puis, les fourbes et les imposteurs soutiennent-ils leur personnage jusqu'au bout? auraient-ils le courage de signer de leur sang les mensonges et les impostures qu'ils méditent? S'ils sont pris en flagrant délit, et menacés de mort s'ils ne se rétractent, leur prétendu courage se dément: ils pâlissent, balbutient et s'estiment trop heureux d'acheter leur vie par une rétractation. Est-ce ainsi qu'ont agi les évangélistes en face de leurs accusateurs, de leurs juges, de leurs bourreaux et des supplices les plus atroces? Leur mort héroïque n'a-t-elle pas été une prédication plus éloquente encore que leur vie? Or, qui ne croit volontiers avec Pascal des histoires dont les témoins se font égorger pour attester la vérité des faits qu'ils racontent?

Encore une fois, les évangélistes, des imposteurs! Mais si nous voulons réfléchir un instant sur la nature du cœur humain, nous verrons qu'il faut de bien graves motifs pour consentir à descendre au rôle odieux d'imposteur. Le démon seul trompe pour avoir le plaisir de tromper.

Quels motifs donc auraient engagé les évangélistes à tromper,

---

[1] De Consensu evang., lib. IV.   [2] Introduction, page xxiv.

non-seulement leurs compatriotes, mais l'univers entier, et à donner l'exemple de la plus noire imposture qui eût jamais existé?

Est-ce la soif de l'or, qui brûle les entrailles de l'humanité? Mais n'ont-ils pas entendu les leçons du divin Maître : « Les renards ont leurs tanières, les oiseaux du ciel leurs nids; mais le Fils de l'homme n'a pas où reposer la tête, et ceux qui s'attachent à sa suite n'ont pas devant eux un plus brillant avenir [1]? » Et en effet, Jésus a vécu si pauvre, que la crèche où il est né, la croix sur laquelle il est mort, ne lui appartenaient même pas. De leur côté, les Apôtres ont prêché le mépris des richesses, au point que M. Renan a accusé saint Luc d'être *un démocrate exalté*, c'est-à-dire très-opposé à la propriété, *et persuadé que la revanche des pauvres va venir* [2]. Le fait est qu'à l'exemple du divin Maître, les évangélistes, comme les Apôtres en général, ont vécu pauvres et sont morts pauvres.

Est-ce l'amour des honneurs et des plaisirs de la terre? Mais, s'ils avaient osé y compter, ils auraient donc bien mal compris Jésus qui ne leur avait permis d'aspirer qu'aux honneurs et aux plaisirs de la persécution et de la mort violente? « Je vous envoie comme des agneaux au milieu des loups. Gardez-vous des hommes. Ils vous feront comparaître dans leurs assemblées, ils vous fouetteront dans leurs synagogues. Vous paraîtrez à cause de moi devant les gouverneurs et les rois, pour me rendre témoignage devant eux et devant les gentils. Enfin vous serez haïs de tous, à cause de mon nom. Le disciple n'est pas au-dessus du maître, ni l'esclave plus que son seigneur [3]. » La prédiction s'est accomplie à la lettre, et les évangélistes ont été les premiers à s'en réjouir. Un jour, nous disent les Actes, ils étaient au comble de la joie. Que leur était-il arrivé? Ils avaient été jugés dignes de subir des affronts pour le nom de Jésus : *Ibant gaudentes, quoniam digni habiti sunt pro nomine Jesu contumeliam pati* [4].

Est-ce l'envie de se faire un nom, d'acquérir de la réputation, de passer pour les lumières du monde?

Nous n'ignorons pas qu'il en est qui ne sont pas insensibles à cette gloire. Pour l'acquérir, leur fallut-il arracher du cœur de

----

[1] Matth., viii, 20.   [2] Introduction, page xli.
[3] Matth., x.   [4] Act., v, 41.

leurs semblables la foi qu’eux-mêmes ont rejetée, avec un superbe dédain, comme un fardeau inutile et la marque des petits esprits, enlever, par conséquent, aux consciences leur règle, aux passions leur frein, aux intelligences leur flambeau, aux cœurs fatigués de la vie leur consolation, à ceux qui souffrent leur espérance, aux pauvres si nombreux leur unique trésor, à la civilisation son seul véritable principe, aux sociétés leur fondement le plus solide, au monde sa vie ; leur fallut-il jeter de la boue à la face de notre adorable Sauveur, tresser une couronne d’épines et la lui poser sur le front, remettre entre ses mains un roseau pour sceptre royal, jeter sur ses épaules un lambeau de pourpre, puis courber dérisoirement les genoux devant lui, en disant : « Je te salue, ô roi des Juifs ! » ils ne reculeraient pas devant ces terribles extrémités ! Que ces misérables se rassurent ! leur nom, dans l’histoire, sera placé à côté de ceux de Judas, de Caïphe, d’Hérode, de Pilate ! La gloire qu’ils ambitionnent, ils l’auront. Ne l’ont-ils pas achetée assez cher ?

Mais telle n’est pas la gloire qu’ambitionnent nos évangélistes ! S’ils avaient eu envie de se faire un nom, auraient-ils commencé par se décrier eux-mêmes, par parler de leurs défauts comme d’autres parlent de leurs vertus ? Leurs intempérances de zèle, leurs contestations et leurs disputes sur les prééminences, leurs difficultés à comprendre les paraboles que Jésus leur expliquait, leurs répugnances à croire aux prodiges qui se passaient devant eux, leur lâcheté impardonnable au moment de la passion, et tous leurs autres défauts, qui de nous les aurait connus, s’ils ne s’étaient pas plu eux-mêmes à nous les révéler ? L’hypocrisie et l’imposture s’allient-elles avec tant d’ingénuité et de candeur ?

Ne vous glorifiez pas, leur avait dit Jésus, du pouvoir que je vous ai donné sur la nature entière et sur les démons, mais réjouissez-vous plutôt de ce que vos noms sont écrits dans les cieux [1]. Et encore : Je vous prépare le royaume céleste comme mon Père me l’a préparé, afin que vous jouissiez des délices de mon royaume, et que vous soyez assis sur des trônes pour juger avec moi les douze tribus d’Israël [2]. Et encore : Si quelqu’un veut me servir fidèlement, qu’il me suive, et là où je serai, là aussi sera

---

[1] Luc, x, 20.   [2] Ibid., xxii, 20 et 30.

mon serviteur. Si quelqu'un me suit jusqu'à la mort, mon Père l'honorera et le rendra participant de ma propre gloire [1]. Jésus n'avait donc détourné les regards de ses évangélistes des joies et des espérances de la terre que pour mieux les fixer sur celles du séjour céleste! Il avait réussi. Les évangélistes ne pensaient qu'au ciel, ne parlaient que du ciel, n'aspiraient qu'après le ciel. Ils nous apprennent eux-mêmes que s'ils avaient travaillé pour la terre, ils eussent été les plus misérables des mortels [2]. Mais si, au lieu de consacrer leur vie à la gloire de Dieu et au salut des âmes, ils ne l'eussent employée qu'à essayer de faire passer pour Dieu quelqu'un qui ne l'aurait pas été et à précipiter le genre humain dans une erreur capitale, comment auraient-ils osé soupirer après la conquête du royaume du ciel et un nom éternellement glorieux dans ce bienheureux royaume? S'ils avaient bravé les remords de leur conscience pendant leur vie, les auraient-ils bravés également à l'heure de la mort? n'auraient-ils pas redouté, dans ce moment suprême, de tomber entre les mains du Dieu véritable qu'ils auraient tant outragé, tant blasphémé?

Ainsi, pour croire à l'imposture des évangélistes, il faudrait admettre qu'ils eussent trompé le genre humain non-seulement sans intérêt, mais encore contre tous leurs intérêts, et dans cette vie et dans l'autre? Nous ne consentirons jamais à croire à une pareille frénésie, ni pour nos évangélistes, ni pour qui que ce soit. Elle n'est pas dans la nature.

C'est donc avec une indignation profondément sentie que nous repoussons de nos évangélistes ces deux mots : *crédulité* et *imposture !*

Crédulité ou *imposture !* C'est une arme à deux tranchants. Que ceux qui s'en servent y prennent garde. En voulant blesser les autres, ils pourraient bien se blesser eux-mêmes!

Quand bien même M. Renan reconnaîtrait avec nous et avec l'Eglise entière que ce sont saint Matthieu, saint Marc, saint Luc et saint Jean qui ont écrit nos Evangiles, qu'ils sont arrivés jusqu'à nous sans altération importante, tels qu'ils sont sortis de leurs mains, et que, conséquemment, ils méritent toute notre confiance, il n'en serait pas moins dans une *condition* défavorable, fâcheuse, et selon nous impossible même pour écrire une *Vie de*

[1] Jean, XXII, 26.   [2] I Cor., XV, 10.

Jésus. Et pourquoi? Laissons la parole à M. Renan : «. Pour faire revivre les hautes âmes du passé, une part de divination et de conjecture doit être permise. Une grande vie est un tout organique qui ne peut se rendre par l'agglomération des petits faits. Il faut qu'un sentiment profond embrasse l'ensemble et l'unité ; la raison d'art, en pareil sujet, est un bon guide : le tact exquis d'un Gœthe trouverait à s'y appliquer. La condition essentielle des créations de l'art est de former un système vivant dont toutes les parties s'appellent et se commandent[1]. »

Ces lignes étranges, si nous les lisions à la tête d'un Ovide, d'un Homère, d'un Virgile, d'un Shakespeare ou d'un Milton, d'un poëme quelconque, nous n'en serions nullement surpris. Le poëme, en effet, est essentiellement *une œuvre de divination, de conjecture, de sentiment* plus ou moins *profond, de tact* plus ou moins *exquis*. Il est également certain que *la condition essentielle des créations de l'art est de fournir un système vivant dont toutes les parties s'appellent et se commandent.*

Mais si c'est ainsi qu'on écrit en poésie, ce n'est pas ainsi qu'on écrit en histoire. Dans toute histoire, en général, ce qu'on appelle *divination* doit être sévèrement banni. La *conjecture* doit être donnée comme *conjecture*. Dans une histoire, on affirme, on certifie, et l'on se garde bien d'affirmer et de certifier, sans appuyer ce que l'on avance sur des preuves solides et inébranlables. Sans nul doute, *une grande vie est un tout organique*, comme le corps humain ; mais aussi, comme le corps humain est *une agglomération* de membres petits et grands, de même *une grande vie est une agglomération de faits petits* et grands. *Dans une grande vie*, il entre même plus de faits petits que de grands. Quelque *grande* que soit la *vie*, les *grands faits* sont toujours rares. Ce sont *les petits* faits qui font mieux connaître l'homme. Dans les grands faits, le plus souvent l'homme pose, il se déguise, il se masque : dans les petits faits, il est plus naturel, il se montre tel qu'il est. En histoire, *l'agglomération des petits faits* n'est point à dédaigner. Après cela, que *le sentiment profond de l'écrivain embrasse l'ensemble de son histoire et en fasse l'unité*, rien de mieux. Il serait bien froid, bien glacial l'écrivain qui se contenterait de grouper des faits, les uns à côté des autres, sans exprimer *son*

[1] Introduction, page LIV..

sentiment personnel sur les détails et *l'ensemble* de son œuvre ;
mais *ce sentiment* lui-même doit être basé sur la vérité des faits
qu'il raconte. Ce qu'on demande avant tout d'un historien, c'est
de la probité et de la bonne foi. A la tête *des créations de l'art*,
nous plaçons la poésie. *Que la condition essentielle de la poésie
soit de former un système vivant dont toutes les parties s'appellent et se commandent*, telle n'est certes pas la *condition essentielle* de l'histoire. L'histoire n'est pas *un système vivant* ou mort.
Conçoit-on un historien qui se dit : Tel fait n'est pas d'accord avec
mon système, donc il est faux. Telle idée s'adapte parfaitement
à mon système, donc c'est un fait. Malheur aux historiens systé-
matiques, s'ils se permettent surtout d'écrire sur la religion ! ce
sont des empoisonneurs publics. Malheur à leurs lecteurs ! ils
marchent à la fausse lueur d'un funeste flambeau, ils se trompent
de route, ils s'égarent et tuent leur âme.

Cependant, ces principes *de divination, de conjecture, de raison d'art, de création de l'art, de système*, M. Renan ne craint pas
d'en faire lui-même l'application à la vie de Jésus. Assurément,
s'il y a dans le monde *une grande vie*, c'est bien la sienne. Ecou-
tons : « Dans les histoires du genre de celle-ci, le grand signe
qu'on tient le vrai, est d'avoir réussi à combiner les textes d'une
façon qui constitue un récit logique, vraisemblable, où rien ne
détonne. Les lois intimes de la vie, de la marche des produits organiques, de la dégradation des nuances, doivent être à chaque
instant consultées. Car, ce qu'il s'agit de retrouver ici, ce n'est
pas la circonstance matérielle, impossible à contrôler, c'est l'âme
même de l'histoire ; ce qu'il faut retoucher, ce n'est pas la certitude des minuties, c'est la justesse du sentiment général, la vérité de la couleur. Chaque trait qui sort de la narration classique
doit avertir de prendre garde ; car le trait qu'il s'agit de raconter
a été vivant, naturel, harmonieux[1]. »

Dans toutes les histoires, mais surtout *dans les histoires du
genre de celle-ci*, voici la seule méthode à employer : Si l'on
écrit l'histoire d'un personnage qu'on a soi-même connu, c'est
d'imiter le peintre qui fait un portrait. Il considère attentivement
les traits de celui qui pose devant lui, et les reproduit fidèlement
sur sa toile avec son pinceau. Il n'invente pas, il ne crée pas, il

[1] Introduction, pages LV et LVI.

reproduit d'après nature. De même pour l'historien : il ne considère pas son héros moins attentivement que le peintre : il se rappelle ce qu'il en a vu, ce qu'il en a entendu; il interroge ceux qui l'ont vu, qui l'ont entendu comme lui, et il fixe ses souvenirs sur le papier. C'est ainsi qu'ont écrit les évangélistes ; c'est ainsi qu'écrivent les historiens consciencieux.

Voulons-nous, au contraire, écrire la vie d'un personnage qui a vécu longtemps avant nous? gardons-nous bien des *divinations, des conjectures, des raisons d'art, des systèmes.* Ce sont les documents antiques, relatifs à notre histoire, qu'il nous faut *à chaque instant consulter*; s'il y a des écrivains contemporains, nous devons leur accorder une confiance plus grande encore. Pour la vie de Jésus en particulier, ce sont donc les textes laissés par les quatre premiers historiens, qui *devront*, et avant tout, *être à chaque instant consultés*.

M. Renan semble ne s'y pas opposer tout à fait ; mais c'est à condition qu'il interprétera ces textes, qu'il les *combinera*, d'après *les lois intimes de la vie*, *la marche des produits organiques et la dégradation des nuances.*

Comme *ces lois* d'interprétation de nos Evangiles retentissent sans doute pour la première fois à vos oreilles, quelques mots d'explication ne seront pas inutiles.

Si nous ne nous trompons, *par les lois intimes de la vie*, *la marche des produits organiques*, on entend les lois qui régissent notre existence et notre organisation physique.

Mais, dans une vie, c'est bien moins, ce nous semble, l'homme physique, *l'organisme* de son corps, que l'homme moral, *l'organisme* de son âme, qu'il s'agit d'étudier. Nous ne concevons donc pas très-bien comment on pourra expliquer la doctrine, le caractère, les vertus d'un homme quelconque par l'inspection *de ses organes ?*

Quand bien même *ces lois intimes de la vie et des produits organiques* suffiraient pour se rendre compte de la vie des hommes ordinaires, donneront-elles la clef des découvertes de la science, des phénomènes du génie, des inspirations des vertus les plus sublimes? Il faudra donc soutenir alors que tout dans l'homme, science, génie, vertu, vient *de l'organisme?* C'est *un système* qui ravale l'homme au niveau de la brute, et contre lequel nous ne saurions trop protester de toute notre énergie! Comment soumettre à un pareil alambic la vie de Jésus, qui, abstraction faite de sa divinité, est encore selon M. Renan « la plus haute des colonnes qui montrent à l'homme d'où il vient et où il doit tendre [1]. »

Qu'est-ce encore que *la dégradation des nuances?* Les couleurs sont trop vives pour M. Renan et son école; elles blessent les yeux délicats. Alors que fait-il? Il détrempe ses couleurs, les atténue, les adoucit, les *nuance.* Ainsi M. Renan n'aime ni à affirmer ni à nier. Il préfère procéder par insinuations, par formes dubitatives, suspensives, interrogatives. De là vient que, presqu'à chaque page de son livre, on retrouve ces locutions : *peut-être, probablement, on croit, on dit, il paraît, il semble, je soupçonne, il se pourrait bien,* et d'autres semblables. Sa phrase et sa pensée flottent dans le vide. Quand on croit la saisir, elle nous échappe comme un fantôme. C'est là ce que M. Renan appelle *la loi de la dégradation des nuances.* Est-ce sur des *peut-être* et des *probablement* qu'un homme sage risque sa fortune, son honneur, sa vie? Est-ce sur un *peut-être,* sur un *probablement,* que vous consentiriez à laisser de côté le culte et la foi de nos pères, et à risquer vos intérêts spirituels les plus chers, votre conscience, votre âme, votre salut, votre éternité?

Et cependant, même à l'aide *des lois intimes de la vie, de la marche des produits organiques et de la dégradation des nuances,* est-on sûr de trouver la vérité dans le livre de M. Renan? A ses yeux, « le grand signe qu'on tient le vrai est d'avoir réussi à combiner les textes d'une façon qui constitue un récit logique, vraisemblable, et où rien ne détonne. » Nous ne demandons pas comment *le grand signe du vrai est un récit vraisemblable.* Si le récit est *vraisemblable,* il n'est pas *vrai;* s'il est *vrai,* il n'est pas *vraisemblable.* Jamais une contradiction n'a été *le grand signe du vrai.* De plus, nous l'avons observé déjà, les textes évangéliques suintent le surnaturel, pour ainsi dire, par tous les pores, et d'après M. Renan, tout récit surnaturel ne peut être admis comme tel; il sort de la narration classique et avertit de prendre garde. Il n'est pas vivant, naturel, harmonieux, logique; il détonne. »

[1] *Vie de Jésus,* page 158.

A quoi sert donc le grand *criterium* de vérité de M. Renan , en d'autres termes, *le grand signe qu'il tient le vrai?* A proclamer bien haut qu'on s'est servi des Evangiles pour la composition de la *Vie de Jésus*, tout en se réservant le droit de les persiffler d'un bout à l'autre, aussitôt qu'on trouve que le récit n'est pas *logique*, *vraisemblable, et qu'il détonne*   .

Il y a *logique* et *logique*. La logique de M. Renan l'avertit de ne se préoccuper nullement de la *circonstance matérielle* des faits rapportés par les évangélistes , sous prétexte qu'elle est *impossible à contrôler* , et de ne rechercher que *l'âme de l'histoire* de Jésus. Notre logique, à nous , nous dit que , de même que notre âme ne se manifeste que par le mouvement de notre corps , *l'âme de l'histoire* de Jésus ne se manifeste que par les *circonstances matérielles* de cette même histoire , c'est-à-dire, par ses discours et ses actions, et que c'est là qu'il faut l'étudier, si l'on veut véritablement *la retrouver* ; et qu'après tout si *ces circonstances matérielles* sont *impossibles à contrôler* aujourd'hui, parce qu'il y a dix-neuf siècles entre elles et nous , elles n'ont été *impossibles à contrôler* ni pour les évangélistes ni pour leurs contemporains. La logique de M. Renan le porte à sacrifier *la petite certitude* des faits qu'il appelle *des minuties*, *à l'ensemble*, *à l'unité* , *au tout organique* , *à la justesse du sentiment général, à la vérité de la couleur*, c'est-à-dire à l'agencement du récit. Notre logique, à nous, nous porte à *rechercher* avant tout les faits évangéliques que nous nous garderons bien de taxer *de minuties*, parce qu'ils sont tous plus précieux que l'or et les diamants, à nous assurer de *leur certitude* et à les classer à leur rang dans la vie de Jésus. C'est d'après cet agencement particulier que nous jugerons de l'agencement général. Ainsi, d'après nous, ce n'est pas *la petite certitude des minuties* qui dépendra de la *justesse du sentiment général*; c'est la justesse *du sentiment général* de l'œuvre qui dépendra de la certitude des faits évangéliques. Si , par ce procédé, nous n'obtenons pas *la vérité de la couleur* adoptée par M. Renan , nous obtiendrons sûrement *la couleur de la vérité* adoptée par les évangélistes: ce qui vaut infiniment mieux. Car jamais le *sentiment* n'a remplacé le raisonnement , ni *l'art* une démonstration.

Nous le demandons , où peut conduire une pareille méthode d'écrire l'histoire , sinon à des manières de sentir, de voir, de juger toutes particulières, à des impressions nerveuses, à des caprices d'artistes, à des fantaisies plus ou moins bizarres, à des hypothèses ridicules, à des hallucinations plus ou moins périlleuses? Entre le pur roman et l'histoire proprement dite, où seront désormais les frontières? Est-ce ainsi qu'il est permis d'agir dans une histoire surtout où la vie morale et la civilisation du monde sont en jeu?

Toutefois M. Renan paraît si convaincu de la justesse de cette méthode, qu'il cherche à la mettre en relief par la comparaison de la *Minerve de Phidias*. Ecoutons-encore : «Supposons qu'en restaurant la Minerve de Phidias selon les textes, on produisit un ensemble sec, heurté, artificiel, que faudrait-il en conclure? Une seule chose, c'est que les textes ont besoin de l'interprétation du goût, qu'il faut les solliciter doucement, jusqu'à ce qu'ils arrivent à se rapprocher et à fournir un ensemble où toutes les données soient heureusement fondues. Serait-on sûr d'avoir trait pour trait la statue grecque? Non, mais on n'en aurait pas, du moins, la caricature. On aurait l'esprit général de l'œuvre, d'une des façons dont elle a pu exister [1]. »

Supposons donc la Minerve de Phidias tombée de son piédestal et jonchant la terre de ses débris. Un artiste s'empresse de ramasser ses débris, de les remettre à leur place et de remonter la statue sur son piédestal. *Si elle produit un ensemble sec, heurté, artificiel, que faudrait-il en conclure?* Deux choses : la statue a été bien ou mal restaurée. Si elle a été bien restaurée, c'est que la statue n'était pas de Phidias, qui n'a jamais rien produit *de sec, de heurté, d'artificiel*, mais d'un barbare qui, peut-être rougissant de son œuvre, l'avait brisée dans un moment d'indignation et de colère contre lui-même; ou bien elle a été mal restaurée, et alors ce n'était pas la faute *des textes*, qui ne devaient avoir rien *de sec, de heurté, d'artificiel*, mais bien de l'artiste qui, par son défaut de goût et de maladresse, les avait rendus tels. Dans ce dernier cas, il n'y a qu'à changer d'artistes et non de textes.

Par cette comparaison, M. Renan aurait-il voulu nous donner à penser que la statue était mutilée, tombée de son piédestal, et

---

[1] Introduction, pages LV et LVI.

qu'il était lui-même le Phidias qui a reçu d'en haut la mission de la restaurer ?

D'abord, jamais la grande figure de Jésus n'a été mutilée, jamais elle n'a tombé de son piédestal. Elle est coulée dans un bronze immuable. Ce n'est pas que l'enfer n'ait poussé, de temps à autres, d'affreux rugissements, et n'ait jamais cherché à la mutiler, à l'ébranler. Mais autant de fois l'Eglise lui a fait un rempart de son corps, et les coups ne l'ont pas atteinte.

Mais nous voulons bien supposer un moment qu'il en est de la grande figure de Jésus comme de la Minerve de Phidias. Elle est renversée. M. Renan la restaure. Si la restauration ne produit qu'*un ensemble sec*, *heurté*, *artificiel*, *que faudra-t-il en conclure? Une seule chose* : c'est que M. Renan n'a pas connu les vrais textes, ou que s'il les a connus, il les a *sollicités*, non pas doucement, mais si fortement qu'il leur a fait dire le contraire de ce qu'ils signifient. S'il ajoute qu'il les *a interprétés avec son goût*, concluons-en hardiment que son goût n'est pas *exquis comme celui de Gœthe*. En croyant nous donner *une des façons dont la figure de Jésus a pu exister*, il ne nous en a donné qu'une affreuse *carricature*, que personne ne reconnaît.

En effet, le Jésus des évangélistes, le Jésus qu'ils ont appris à tous les siècles à chérir, à vénérer, à adorer, qu'est-il? Il est Fils unique de Dieu, né du Père avant tous les siècles; Dieu de Dieu, lumière de lumière, vrai Dieu de vrai Dieu ; il n'a pas été fait, mais engendré, consubstantiel au Père, par qui tout a été fait [1].

Et le Jésus de M. Renan? « Jésus n'énonce pas un moment l'idée sacrilége qu'il soit Dieu. Il se croit en rapport direct avec Dieu, et se dit fils de Dieu [2], » comme nous le sommes tous.

Le Jésus des évangélistes, qu'est-il? « Il est descendu des cieux pour nous autres hommes et pour notre salut; il s'est incarné en prenant un corps dans le sein de la bienheureuse Vierge Marie par l'opération du Saint-Esprit, et s'est fait homme; il a été crucifié pour nous, a souffert sous Ponce-Pilate et a été enseveli. »

Et le Jésus de M. Renan? « Plus on croyait en lui, plus il croyait en lui-même [3]. Bientôt il n'hésita plus sur son propre rôle

[1] Symbole de Nicée. [2] *Vie de Jésus*, page 75.
[3] Ibid., page 139.

de Messie et le joua jusqu'à la mort [1]. Il eut une agonie de désespoir, plus cuisante mille fois que tous les tourments. Il ne vit que l'ingratitude des hommes, il se repentit peut-être de souffrir pour une race vile [2]. »

Le Jésus des évangélistes, qu'est-il? « Il est ressuscité le troisième jour, selon les Ecritures. Il est monté aux cieux; il est assis à la droite de son Père; il viendra de nouveau dans sa gloire juger les vivants et les morts, et son règne n'aura pas de fin. »

Et le Jésus de M. Renan? « La vie de Jésus finit avec son dernier soupir. Mais telle était la trace qu'il avait laissée dans le cœur de ses disciples et de quelques amis dévoués, que, durant des semaines entières, il fut pour eux vivant et consolateur [3]. »

Ah! de grâce, M. Renan, emportez votre Jésus, gardez-le pour vous; nous n'en voulons ni pour nous ni pour les personnes qui nous sont chères; non, mille fois non, ce n'est pas là le Jésus de l'Evangile, le Jésus des Apôtres, le Jésus de l'Eglise, le Jésus dont nos mères nous ont appris à bégayer le doux nom en naissant, le Jésus de notre première communion, le Jésus de notre adolescence, le Jésus de notre âge mûr, le Jésus dont la croix, arbuste sacré, ombragera bientôt notre tombe. Ah! qu'on reconnaît aisément la personne qu'on aime! Dans le Jésus que vous nous présentez, nous ne reconnaissons aucun de ses traits chéris. Une fois de plus, sous votre plume dégoûtante de fiel, il nous apparaît « comme un objet de mépris, le dernier des hommes, un homme de douleur. Son noble visage est affreusement défiguré... C'est un lépreux, un homme frappé de Dieu et humilié [4]. »

Dans une famille, quand un enfant mal né se permet de souffleter son père et sa mère, que font les autres enfants? Ils se jettent aux genoux des auteurs de leurs jours, demandent à mains jointes la grâce du coupable, et, pour les dédommager de son infâme conduite, ils promettent de redoubler de respect, de vénération, de soumission, d'affection vraiment filiale. C'est du baume versé sur la plaie. Bientôt elle se cicatrise, et souvent même le fils ingrat revient dans les bras de ses parents, qui, mêlant des larmes de joie aux larmes du repentir, pardonnent de grand cœur et oublient tout.

----

[1] *Vie de Jésus*, page 196.   [2] Ibid., page 424.
[3] Ibid., page 443.   [4] Is., LIII, 3 et 4.

Ce père qui vient d'être si brutalement souffleté, c'est Notre-Seigneur Jésus-Christ. Le fils ingrat, vous le connaissez. Hélas ! il est d'autant plus coupable que Jésus pourrait lui adresser les mêmes reproches que, mille ans auparavant, il adressait par la bouche d'un de ses prophètes à celui de ses disciples qui l'a trahi : Si j'avais reçu ce soufflet de la main d'un de ces hommes qui ne m'ont jamais connu, ou qui ne m'ont poursuivi que de leurs inimitiés et de leur haine, je l'aurais supporté volontiers : *Si is qui oderat me super me magna locutus fuisset, sustinuissem utique ;* mais toi qui as vécu si longtemps avec moi dans une parfaite unanimité de sentiments, que j'avais admis dans mon intimité ; toi qui as franchi les premiers pas de la cléricature et avais rempli dans mon sanctuaire de saintes et redoutables fonctions ; toi qui t'asseyais familièrement à la table sacrée où je donne en nourriture et en breuvage à mes convives mon corps et mon sang : *Tu autem, homo unanimis, dux meus et notus meus, qui dulces mecum capiebas cibos* [1] ; c'est toi, dis-je, qui lèves contre moi l'étendard de la révolte et pousses mes ennemis au combat pour me précipiter du trône et me chasser de mon empire !

Ne soyons pas insensibles à ces tendres reproches. Celui qui est insulté est plus que notre père et notre mère ; « c'est celui qui est l'image iudivisible de Dieu, qui est né avant toute créature, en qui toutes choses ont été créées au ciel et sur la terre, les choses visibles et les choses invisibles, les trônes, les dominations, les principautés et les puissances ; tout a été créé pour lui et en lui ; il est avant tous les êtres créés, et tous ne vivent que par lui. Il est la tête du corps de l'Eglise à laquelle nous appartenons. Il est le principe de notre existence, et le premier né d'entre les morts, afin qu'il ait sur les vivants et sur les morts le pouvoir suprême [2]. » Il est, par conséquent, notre Dieu, notre Créateur et notre Sauveur.

Jetons-nous donc à ses genoux, et promettons de redoubler envers lui de vénération, de tendresse, de soumission parfaite à ses divines lois et à celles de l'Eglise qu'il a établie sur la terre pour y être, jusqu'à la fin des temps, le fondement et la colonne de la vérité [3]. Disons-lui du fond de notre cœur : Seigneur, vous le

[1] Ps. LIV, 13, 14 et 15.   [2] Colos., I, 15, 16, 17 et 18.
[3] I Tim., III, 15.

savez, et nous le savons aussi, il y a en ce moment une grande
conspiration contre vous. Les conjurés s'agitent et remuent le
monde. C'est votre admirable doctrine qui a civilisé l'univers ; et
la preuve, c'est que partout où elle n'a pu pénétrer encore, on ne
rencontre que les vices les plus hideux et la brutalité la plus
effrénée. Et cependant , par une inconcevable folie, on veut vous
ravir votre divinité, on veut faire de vous un roi de théâtre, on
veut vous chasser de notre littérature, de nos lois, de nos usages,
de nos mœurs, de nos croyances. de notre société et même du
foyer domestique. Et si l'on réussissait, Seigneur, à qui irions-
nous ? Les docteurs qu'on veut vous substituer sont des docteurs
de mensonge et de pestilence ; leur gosier est un sépulcre ouvert
d'où il ne s'exhale que des miasmes fétides qui empoisonnent et
tuent ; un venin d'aspic est sous leurs lèvres[1]. Vous seul avez les
paroles qui donnent la vie aux individus et aux nations, dans le
temps et dans l'éternité[2]. Seigneur , le soleil de la vérité est bien
bas sur l'horizon , les ombres mortelles de l'erreur s'allongent
dans cette vallée de larmes , ah ! demeurez, demeurez avec nous :
Mane nobiscum, Domine, quoniam advesperascit[3]. Ou bien, disons,
répétons sans cesse avec l'Eglise entière dans sa sainte liturgie :
On dit du mal de vous, Seigneur, mais nous , nous vous louons.
On vous maudit , nous vous bénissons. On nous défend de vous
présenter nos hommages : nous, nous vous adorons, nous vous
glorifions. Nous vous rendons grâces à cause de votre gloire infinie,
Seigneur notre Dieu , Roi du ciel , Dieu le Père tout-puissant.
Seigneur Jésus-Christ, Fils unique ; Seigneur Dieu, Agneau de
Dieu, Fils du Père ! vous qui effacez les péchés du monde, ayez
pitié de nous. Vous qui effacez les péchés du monde, recevez
notre prière. Vous qui êtes assis à la droite du Père, ayez pitié
de nous. Car vous êtes le seul Saint, le seul Seigneur, le seul
Très-Haut , ô Jésus-Christ, avec le Saint-Esprit, dans la gloire
de Dieu le Père ! Ainsi soit-il !

Espérons, que touché de ces représentations et de ces hommages unanimes de la grande famille chrétienne qui comprend
plus de trois cents millions d'âmes, Jésus oubliera sa justice en
faveur de sa miséricorde, et ne nous châtiera pas pour la faute d'un

_____

[1] Ps. xiii, 3.   [2] Jean, vi, 69.
[3] Luc, xxiv, 29.

de nos frères; espérons qu'il inclinera l'oreille vers nous, et que, touché de ce grand concert de prières qui, de toutes les parties du monde, s'élèvent vers son trône comme un encens d'agréable odeur, il frappera le coupable au cœur, le fera rentrer en lui-même, bouleversera, par des remords salutaires, sa conscience égarée, le ramènera repentant dans le giron de sa sainte Eglise consolée, qui s'écriera, dans l'élan de sa joie : Voilà mon fils qui était mort et qui est ressuscité, qui était perdu et qui est retrouvé : *Quia hic filius meus mortuus erat et revixit, perierat et inventus est* [1].

[1] Luc, xv, 24.

—◦❦ FIN ❦◦—

TABLE

— LILLE. — TYP. J. LEFORT. M D CCC LX VIII. —